テレビの未来と可能性

－関西からの発言－

高橋信三記念放送文化振興基金 創立 20 周年

テレビの未来と可能性～関西からの発言～

目次

第3部　論考

第4部　資料

（お名前はＡＢＣ順で配列しました）

はじめに
いま、なぜ放送の未来と可能性を考えるのか

音　好宏（上智大学文学部新聞学科教授）

日本の放送サービスが、大きな転換期を迎えていると言われて久しい。

電気通信技術の発展に伴って、放送現場のデジタル化が進む一方で、インターネットによる音楽配信や動画配信など、外形的には放送サービスと変わらないものの、制度的には通信と分類されるメディア・サービスが登場・普及し始めている。

一九九〇年代以降、日本ではケーブルテレビや衛星放送の発達など、急速に多メディア化、多チャンネル化が進んだ。そのようなメディア・サービスの多様化に一層の拍車をかけたのがインターネットの登場・普及であったといえる。

二十一世紀に入ってこの十年あまりは、テレビ放送における最大の課題とされた地上テレビ放送のデジタル化を、二〇一一年七月二十四日を目標にアナログ放送を終了することで、官民が一体となって作業が進められた。岩手、宮城、福島の被災三県は、同年三月に発生した東日本大震災により、その終了を延期することになったが、二〇一二年三月末にはこの三県も地上テレビ放送のデジタル放送への完全移行を終了し、日本の地上テレビ放送は、完全にデジタル放送に移行した。

この「地デジ化」という目標を曲がりなりにも達成したことで、いま、改めて日本の放送のありよう

そのものが問われている。

地上テレビ放送がデジタル放送に移行しても、統計的には、メディア利用者のテレビ放送への接触は、他のさまざまなメディアに比べても依然として高く、日本におけるマス・カルチャーの牽引車的な位置を他のメディアに奪われてはいない。しかし、他方において、「若者のテレビ離れ」など、視聴者の放送への関心が薄まってきているといった指摘も増えている。ＨＵＴ（総世帯視聴率）の低下など、テレビの媒体価値低下の指摘もある。また、国民もデジタル・テレビ受像機の買い換えに協力し、官民一体となって「地デジ化」は達成したものの、視聴者にとってテレビ放送の価値が上がったと実感できる場面が少ないとの声も多い。

このような状況だからこそ、放送を取り巻く環境変化を踏まえつつ、その未来に向けたありようを主体的に検討することこそが、いま求められているのではなかろうか。

その一つの手がかりとして、現在につながる戦後日本の放送システムの生成過程を改めて振り返ることで、そのシステム上の特質を確認する一方で、現在に続く日本の放送システムが目指したものが何だったのかを考えてみたい。

ファイスナー・メモの意図

考えてみると、放送はまだ百年の歴史も持っていない。

世界最初の放送局として、米国ピッツバーグで、ウェスティングハウス系のＫＤＫＡが定時放送を始めたのが一九二〇年。日本における放送事業は、この米国の世界最初の放送サービスから遅れることわずか五年の一九二五年に、財団法人東京放送局、同名古屋放送局、同大阪放送局が開局している。翌二十六年、この三局が合併。日本放送協会という日本で唯一の放送局として、放送事業を独占的に行うことになる。

戦争の足音が大きくなっていたこの時期、日本放送協会は、国民に戦意高揚を促す装置として、戦時体制に組み入れられていく。政府は、この放送という装置を使って、国民に「国家の意思」を伝えていったわけだが、総動員体制のなかで、身近なメディアとして普及した放送の影響力は大きかった。はたした放送の影響力について言えば、一九四五年八月十五日正午に終戦を告げる「玉音放送」が流れたことによって、大きな混乱もなく戦時体制を解除できたことは、はからずも放送というメディアの社会的影響力の大きさを示したことになった。

敗戦後、日本の占領政策を立案、遂行したGHQ（連合国軍総司令部）は、日本の非軍国主義化、民主化を目指して、放送制度をデザインすることになる。この戦後日本の放送制度の方向性を決定づけたのは、GHQ民間通信局調査課長であったクリントン・ファイスナーによって作成されたいわゆる「ファイスナー・メモ」である。一九四七年十月二十二日に発表されたこのファイスナー・メモには、NHK以外の複数の商業放送事業者を認めることなど、戦後の放送制度の骨格が示されていた。

ファイスナー・メモに基づき、放送制度の枠組みが検討され、一九五〇年、電波法、放送法、電波監理委員会設置法のいわゆる電波三法が制定される。これにより、戦後の放送体制が確立することになる。

戦後日本の放送制度の特質としてまず挙げられるのは、NHKと民間放送との併存体制の制度化である。受信料を財源とするNHKと広告収入を財源とする民間放送という、財源の異なる放送事業者を併存させ、関東、近畿，中京の広域圏を例外にして、基本的には県域単位で免許を与え、公共放送たるNHKだけは、県域を基本単位として放送局を設置するも、全国を同一の組織体として運営していくことにした。

GHQ民間通信局において、戦後日本の放送における制度設計を進めるにあたってファイスナーは、広告放送中心の米国の放送制度、公共放送のみのヨーロッパの放送制度などを比較検討し、最終的に、公共放送と商業放送が併存するオーストラリアの放送制度を参考にしたという。

民間放送事業者の相互の競争、また、NHKと民間放送会社との競争という、プレーヤーどうしの自由な競争が行われることで、表現の多様性が担保され、戦前の軍部の台頭に見られたようなバランスを欠いた世論形成は防げると考えたのである。

ファイスナー・メモ前史

ところで、敗戦後、ファイスナー・メモが出されるまで、GHQは商業放送の設立には消極的であったことが知られている。他方において、敗戦後の放送システムの枠組みに関しては、早い段階で、日本の側から商業放送導入の構想が浮上していたことは特筆すべきことであろう。

一九四五年九月十二日、近畿日本鉄道会長で大阪商工会議所副会頭だった寺田甚吉が、寺田合名ビルに「新放送会社創立事務所」を設置し、商業放送の設立を窺う動きを始める。その一方で、同年九月二十五日には、当時の松前重義逓信院総裁の下で逓信省が作成した「民衆的放送機関設立ニ関スル件」という商業放送設立の構想が、東久邇内閣において閣議了解されている。そこでは、「溌剌たる民衆的放送の実現を図るために、日本放送協会のほかに新しい放送機関を設立」したいと記されていた。

他方、ＧＨＱは、当初、商業放送の設立には消極的で、既存の放送局であった日本放送協会の独占的な放送体制を維持することでよいと考えていた。一九四五年十二月にＧＨＱ民間通信局次長Ｐ・ハンナ大佐から、松前重義逓信院総裁に宛てた「日本放送協会の再組織に関する件」と題した文書が届けられる。この文書には、「日本放送協会以外に民間放送を設けることは考慮しない」という通告があわせて付けられていた。この文書は、ハンナ・メモと呼ばれ、当初のＧＨＱの放送制度改革に対する姿勢を示しているものとされた。いわば占領政策を進めるにあたっては、唯一の放送局たる日本放送協会を積極的に活用することの方が有用と考えられていたのである。

その後、先に述べたように、ＧＨＱの側からファイスナー・メモが出されたことによって、ＮＨＫと民放とが併存する放送体制作りに向けて事態が急展開していく。

もちろんのことであるが、この新たな放送制度の体制が生成されていく過程においては、さまざまな反発もあった。最も抵抗が大きかったとされるのは行政システムで、ＧＨＱが示した独立行政組織に放送事業の監督権限を置く案に対して、逓信省は激しく抵抗したとされる。結局、電波監理委員会が設置されるのだが、これに対して日本政府は、ＧＨＱが引き揚げた後に、電波監理委員会設置法を廃止し、その許認可権を郵政省に移管したことは周知の通りである。

また、この新たな放送制度を審議した当時の国会の論議のなかでは、ＮＨＫと民放との併存によって競争を図るといっても、「大人と子どもの競争ではないか」といった批判が出ているように、民放事業の将来性を危ぶむ声も多かった。

その一方で、読売新聞の社主であった正力松太郎は、日本最初の民放テレビ局の立ち上げにあたり、全国をエリアとしてカバーできる民間放送事業者を認めるよう、強く働きかけたことはよく知られている。正力は、自らが社長となって立ち上げるテレビ放送会社の名を、日本テレビ放送網とした。その社名の最後に「網（＝ネットワーク）」を付けていることに、正力の意図が表れていると言える。正力は政治的にも抵抗したようだが、民放事業者には、県域を単位として放送事業を行ってもらうとした新たな放送制度の枠組みを変えることはできず、結果的に日本テレビには、関東広域圏をエリアとした放送局として、免許が交付されることになる。

広告にその財源を頼る商業放送であれば、もちろん、その営業効率から言っても、全国をそのエリアとしてカバーできることを求めるのは、当然と言える。

他方において、敗戦直後という混沌とした時代状況において、多様な競争相手が存在するなかにあってでも、新たな事業の可能性に「未来」を感じたことも、また、確かである。GHQの指導の下で、戦後の放送制度の枠組みが固まっていくなかで、未知の事業である放送事業の立ち上げに、来るべき未来への期待を感じていたと思われる。

新たなメディア事業の生成空間としての大阪、名古屋

この新しい放送制度の下で、民間放送事業が動き始めるにあたって、その先導的な地となったのは、首都を擁する東京のみならず、大阪であり、名古屋であった。

周知の通り、日本の民間放送は、一九五一年九月一日午前六時半の中部日本放送の放送開始、そして、

同日正午に新日本放送（現・毎日放送）が放送を始めたことで幕が開く。中部日本放送の所在地は名古屋であり、新日本放送は大阪である。いずれの社名にも「日本」という文字が含まれていることに、先の正力と同じように、単に県域レベルの放送を担うのではないという意志を感ずる。情緒的な言い方をすれば、民間放送という新しい事業を立ち上げるために集まった放送人たちのある種の気概すら感じるのである。

もちろん、その背景には、朝日新聞、毎日新聞という二大全国紙が、大阪をその拠点にしていたという歴史があることや、先に触れたように、大阪商工会議所副会頭の寺田甚吉が、民間放送局の立ち上げに向けて、早くから動いていたことなどが挙げられよう。また、名古屋においても、その立ち上げの中心となった中日新聞社が、戦前の新聞統合において新愛知と名古屋新聞の統合により、中京圏における盤石の基盤を築いていたことが背景にある。

いずれにしても、ファイスナーが道筋をつけた新しい放送制度の下で、放送事業者はお互いが競争するなかで、多様な番組を開発していった。その制度設計上、民間放送における近畿圏、中京圏の役割は大きいと言えるだろう。

しかしこのような戦後の新放送制度の設計が、ファイスナー、ひいてはGHQから与えられたものと見るだけではいささか単純すぎると言えるだろう。

一九九五年、戦後五十年を記念して朝日放送が企画したシンポジウム「検証　戦後放送」には、まだ存命であったクリントン・ファイスナー当人が登壇し、ファイスナー・メモの作成過程について発言している。そこでは、敗戦から急速に復興していく日本の状況と、その未来を予測しながら、NHKと民放の併存体制を志向したメモを作成していったとしている。あわせて、このシンポジウムでは、日本政治史を専門とする神戸大学教授（当時）の五百旗頭真がコメントし、日本における戦後の放送制度の決定過程は、「クロスナショナル・コアリクション・ポリティックス」であると分析している。クロスナショナル・コアリクション・ポリティックスとは、国家を超えた政策立案の提携関係のことである。

五百旗頭によれば、ＧＨＱの占領政策における改革の機運を、被占領者である日本の側が先取りし、松前重義や寺田甚吉が複数の商業放送の創設を訴え、占領者であるＧＨＱの側が、ファイスナー・メモで、逆にそれに追随していくという提携関係が成立したのだという。

敗戦直後の日本社会における占領者であるＧＨＱ側と被占領者である日本側との間には、クロスナショナルな関係性があったことは、日本近代史の研究者として世界的に知られるジョン・ダワーが『敗北を抱きしめて』においても論及している。

また、敗戦時、日本放送協会の報道部副部長を務め、戦後のＮＨＫにおいて、放送記者の育成と日本放送労働組合の設立に尽力をしたことでも知られる柳澤恭雄も、その著『戦後放送私見』において、日本の民主化、そしてその下での放送事業の民主化は歴史の必然であり、ＧＨＱによる戦後改革は、それを後押しするきっかけになったに過ぎなかったのだと記している。

いずれにしても、戦後の新たな放送制度の設計においては、多様な複数の放送事業者を併存させることがプレーヤー間の競争を活発化し、放送を産業的にも文化的にも発展させるという設計思想が選択されていったのである。そしてこのデザインは、朝鮮戦争を追い風にした日本経済復興の加速化、大衆消費社会化と結びつき、予想以上に成功を収めていくことになる。

高度経済成長と放送産業の伸長の弊害

そのビジネス・モデルの特質からすれば、広告収入を主な財源とする民放事業は、県域をその単位として免許が交付されているものの、やがて在京局をキーステーションにしたネットワーク体制を組むことで、より広範なエリアを対象とした放送サービスを実現していくのは当然の流れであった。民放事業は、景気との連動性が強い産業という特色を持つことは言うまでもない。日本経済全体が右肩上がりに成長していく状況の中では、ネットワークを組むこと自体が、収入源の拡大につながった。特に民放テレビのネットワーク化は、民放ラジオの番組販売を中心としたネットワークに留まらず、営業・編成面でも一体化が求められ、ローカル局も収入増を求めて、それに応じていった。すなわちネットワークの整備は、県域単位で免許を得た民放事業者の「規模の経済」による放送ビジネスの整備・拡大の過程であるが、それはすなわち、放送番組の均一化、制作システムの一極集中を招いていくという問題を孕むものであった。

戦後の日本経済の高度成長と、それに伴う大衆消費社会化の過程において、テレビ放送は、日本のポピュラー・カルチャーの重要な担い手であり、また、牽引車的な役割を果たし続けたことは間違いないが、それゆえに、マス・カルチャーの中央一極集中化、画一化、低俗化を招いたとの批判を受け続けることになる。

放送産業的にも、一九六九年に、日経新聞が東京12チャンネル（現・テレビ東京）の経営に乗り出す一方、一九七五年には、ＴＢＳ―毎日放送、ＮＥＴ（現・テレビ朝日）―朝日放送に、ネット・チェンジがなされるなど、五大全国紙とテレビ・ネットワークとの資本関係が整理されることで、新聞資本と放送資本との系列化がより明確にされていった。

先に見たように、戦後の放送制度のデザインにあたっては、放送事業者間の競争が放送の多様性を担保すべく制度設計がなされた。それが日本の経済成長に伴走するように、放送産業が成長・発達していく過程で、生産効率の向上が目的化していった側面はなかっただろうか。その最たるものが、視聴率至上主義批判に表れていると言えよう。

他方において、この視聴率を意識した番組作りなど、「NHK番組の民放化」を問題視する声も後を絶たない。個人的には、NHKが視聴者を意識し、その作り手がより多くの視聴者に見てもらうことに喜びを感ずることには、何ら不自然さを感じない。ただし、多様性という意味において、ビジネス・モデルの異なるNHKが、民放的な番組作りに擦り寄る必要はない。

そのような放送産業の高度化のなかで、放送に新たな衝撃をもたらしたのが、冒頭で紹介した多メディア化、多チャンネル化、そして、デジタル化である。今後もこの流れが促進されることはあっても、止まることはなかろう。技術論的に見てみれば、通信と放送の融合は、歴史的必然であり、利用者にとってフレンドリーなサービスの高度化がデザインされることが求められよう。

ジョブスとファイスナーの遺言

そこで思い出されるのが、アップルを創業したスティーブ・ジョブスである。

ジョブスは、二〇一一年に亡くなったが、彼が最後に取り組んでいたのが、テレビであったとされる。もちろんジョブスらしく、これまでのテレビの概念を覆すようなテレビの設計を描いていたのであろう。

彼の死によって、その設計図を見ることはできなくなってしまったが、彼が既存のテレビ放送に対して放った痛烈な批判は残っている。

ジョブスは、テレビ対して、「テレビを見ると僕たちをあほうにしようとする陰謀の匂いを感じた」と言い放ち、それゆえに、「とっても使いやすいテレビを作りたいと思っているんだ。ほかの機器やｉｃｌｏｕｄとシームレスに同期してくれるテレビを」とも、語っている。

ジョブスが指摘するように、テレビの制作側に「あほうにしようとする陰謀」は、はたして存在するのか。そういった陰謀を抱いている制作者は、まずいないだろう。しかし、逆説的だが、放送の送り手側にそのような歴史を俯瞰するなかで放送を問い直そうとする志向が欠けていることこそが、恐ろしいとも言える。

敗戦直後の混乱のなかで、クロスナショナル・コアリクション・ポリティックスな制度設計が成立したのは、その設計思想が、普遍的な価値を持ち得ていたからではなかろうか。

戦後の放送体制が成立して六十年あまりが過ぎた。その体制に安穏とするなかで、放送に課せられた本質的な課題を忘れてしまいそうになっているように思えてならない。放送事業の経営者は、近視眼的な番組群の評価や事業収益の議論にのみ終始するのではなく、戦後の日本社会のなかでの放送の足跡を俯瞰した上で、その功罪を冷静に見極め、その将来を改めて問い直す作業こそが求められているのではないか。

クリントン・ファイスナーは、ＧＨＱのスタッフを退いた後も日本に残り、二〇一〇年七月に亡くなった。実は、ファイスナーと私は、少し関係がある。ファイスナーの姪が、私の大学院生時代からの親しい友人で、彼女は来日の際、蔵王で余生を送っていたファイスナーおじさんのところに、毎回顔を出していた。もう十年以上前だが、彼女がいつものように蔵王を訪れた際、「最近の日本のテレビは、私の考えていた放送とは違ってきた。多様性がなくなってきた」とファイスナーが語っていたのを、蔵王から東京に立ち寄った彼女から聞いた。親族とのおしゃべりのなかで出た会話だが、だからこそ耳に重く残ったのも、また確かである。

ファイスナーが、その制度設計に込めたのは、競争による多様性の展開であった。それから六十年、はたして、日本の放送は、地上テレビ放送のデジタル化を終え、本格的な通信・放送の融合時代に向けたデザインが求められている。

混沌とする放送の未来を、明確な理念を持って、自らの手でデザインすることができるのか。いま、放送の矜持が問われている。

資料

朝日放送編『シンポジウム　検証戦後放送』朝日放送1996年

ウォルター・アイザックソン著『スティーブ・ジョブス』講談社2011年

辻一郎著『私だけの放送史』清流出版2008年

ジョン・ダワー著『敗北を抱きしめて』岩波書店2001年

柳澤恭雄著『戦後放送私見』けやき出版2001年

第1部　公益信託「高橋信三記念放送文化振興基金」設立二十周年記念シンポジウム

テレビの未来と可能性〜関西からの発言〜

テレビの未来と可能性～関西からの発言～

平成二十四（二〇一二）年十月二十日、大阪市中央区備後町のりそな銀行本社ビル講堂で、高橋信三記念放送文化振興基金設立二十周年記念シンポジウム「テレビの未来と可能性～関西からの発言～」を開催し、コーディネーターとパネリストの七人の間で、熱気あふれる議論を交わした。

会場に出席したのは、放送関係者、メディア関係者、学生、一般市民など約三百五十人。なおこの模様はインターネットで配信した。

公益信託「高橋信三記念放送文化振興基金」設立二十周年記念シンポジウム

パネリスト

石田英司（毎日放送チーフプロデューサー）

黒田　勇（関西大学教授）

松本　修（朝日放送プロデューサー）

老邑敬子（関西テレビ宣伝部長）

杉本誠司（ニワンゴ代表取締役社長）

脇浜紀子（読売テレビアナウンサー）

コーディネーター

音　好宏（上智大学教授）

司会

西村麻子（毎日放送アナウンサー）

高橋信三さんのこと

司会　みなさま、大変長らくお待たせいたしました。ただいまから公益信託高橋信三記念放送文化振興基金設立二十周年記念シンポジウムを開始致します。本日司会を担当いたします毎日放送アナウンサーの西村麻子と申します。どうぞよろしくお願いいたします。

ではまずはじめに、当基金の運営委員長でございます、毎日放送相談役最高顧問の山本雅弘より皆様にご挨拶申し上げます。

山本　皆様、本日はご来場いただきましてありがとうございます。お休みのところ、ご多忙のところ、どうぞお付き合いいただければと思います。毎日放送の山本です。当基金の運営委員長を務めさせていただいております、毎日放送の山本です。ただいま司会の方から案内がありましたように、当基金の活動は運用開始以来二十年を迎えます。これもひとえに皆様方のご理解ご支援の賜物です。改めましてお礼申し上げたいと思います。

高橋信三さんは、私どもにとっての大先輩でございます。と同時に日本に民間放送をスタートさせ、国民のなかに定着させ、重要なメディアにまで育て上げた、リーダーの一人でございます。

いま私どもは、民間放送という言葉を使っております。しかし、誕生間もない頃には商業放送という表現も使われておりました。しかし、高橋信三先輩はわれわれ自身が民間で作り上げた放送なのだからということで、この民間放送という言葉にこだわり続けられ、強く主張されて今日に至っています。それまでの放送は、戦争中の言論統制のなかで、大本営発表のニュースしか伝えられていませんでした。そうした放送への批判と反省に立って誕生したのが民間放送であり、新しい民主主義の世のなかで国民にとって、どうしても必要なメディアなのだというのが高橋先輩の信念でした。

この民間放送がスタートしてすでに六十年を超えました。この間、日本経済は再建と成長をとげ、民間放送はそれとともに発展をして参りました。しかしながら、昨今のメディア状況を見ますと、激しい変化、激変の時代のなかで、正直いいましていささかのほころびが出てきているように思います。その意味で放送はいま自らの立ち位置を改めて点検したうえで、次を模索する必要が生まれていると考えます。

そうしたなかでこれからの放送、これからのテレビのあり方を、民間放送の発祥の地である関西の地で語ろうとするのが今回の企画です。このシンポジウムが今後の放送をより自由闊達で実りあるものにするための新しい機会になればと願っております。

皆様には今後とも当基金へのご支援をお願いいたしますと同時に、今日お集まりの若い研究者の方々には、どうぞ高橋基金をお使いいただいて、ご一緒に放送をますます意義深いものにしていくことに役立てていただきたいと思います。

最後になりましたが、今日このシンポジウムの会場を無償でご提供いただきました、りそな銀行のみなさま方に厚くお礼を申し上げます。

開会にあたりまして、一言ご挨拶を申し上げました。ありがとうございました。

司会　山本運営委員長から開会のご挨拶を申し上げました。それでは本日のシンポジウムのパネリスト、コーディネーターの皆様にご登壇いただきます。ここからの進行は音先生にお願いいたします。

音　それでは、四時間という時間をいただきまして、シンポジウムを進めさせていただきます。今日のテーマは「テレビの未来と可能性〜関西からの発言〜」です。実は、このシンポジウムを準備するにあたりましては、多くの方々に、テレビについてさまざまなご意見を求めるアンケートをさせていただき、そのアンケートに基づいて六名のパネリストを選ばせていただきました。

ご存知の通り、大阪は戦後の民放の発祥の地でもございます。戦後の日本のポピュラーカルチャーの重要な担い手が放送文化、テレビ文化だったということはいうまでもございません。しかしその一方でテレビは、非常に面白いメディアだとされながらも、さまざまな批判を招いてきました。また日本の東京一極集中を進めたのは、テレビではないかとの意見もあります。

今日は高橋信三基金の二十周年の記念シンポジウムということでありますので、まずは一番最初にその高橋信三さんのテレビ批判といいましょうか、問題提起をお聞きいただき、そこから議論を始めたいと思います。昭和五十二（一九七七）年の発言です。

高橋　私は、この正月、三が日のラジオとテレビを聞いたり見たりしながら、放送の社会的使命というものを考えさせられました。これは単に当社だけの問題ではありません。ＮＨＫも含めた各局に通じる問題として、大晦日から正月の三が日の番組を見たり聞いたりしながら、「正月らしき番組」はこれでいいのかと考えました。どの局にスイッチを入れても、似たりよったりのお笑いや歌ばかりで、放送の使命は果たしてこれでいいのかと考えざるを得なかったのであります。

私自身は明治生まれであり、大正や昭和、特に戦後生まれの方々とは、考え方にギャップのあるのは当然でしょうが、正月だからといって何故お笑いや歌ばかりをやるのか、久しぶりに家にいる中高年層の人たちを対象にした見応えのある番組、知的欲求にこたえる番組を、正月番組で放送してもいいのではないかと考えさせられたわけです。

どこのゴルフクラブへ行っても、正月には年齢別競技というのがありますが、正月には久しぶりに親父も息子も孫も一緒にいるのですから、年齢別の番組があってもいいのではないか、中高年齢層向きの番組や、六十歳以上、七十歳以上のシニアやグランドシニアを対象にした番組が放送されてもいいのではないか。むしろそれこそ、すでにマンネリ化してしまっているいまの正月番組の既成概念を打破するユニークな番組になるのではないかと考えました。これは正月に限った話ではありません。今後の問題として中高年層向きの番組を企画してほしい。特にテレビにおいては、中高年層のインテリを対象にする見ごたえのある番組が、欠けていると考えます。

音　いまお聞きいただいた高橋さんの指摘は、まさにいまに通じる問題提起ではないかと思います。

今日はパネリストの方々に、自己紹介をかねてそれぞれ五分くらいで問題提起をしていただこうと思いますが、その前に少しいまのテレビの実情、現状を私の方からお話をさせていただいて、共通認識をしていただいてから、本題に入っていきたいと思います。

テレビは「いけてないメディア」か

日本のテレビは、日本の大衆消費社会の進化とともに発達してきました。テレビが日本の大衆文化の担い手であり、先導役であったことは間違いないと思います。他方においてテレビは誕生時から批判され続けてきたという特異なメディアです。また、ＮＨＫと民放の二元体制というのが、戦後日本の放送制度の枠組みですが、民間放送は県単位で免許を与えられていますので、地域重視と最初からいわれておりました。もう片方でテレビは、広告メディアの先導役でもあり、右肩上がりの成長を長く支え続けてまいりました。そしてそのなかでだんだん多メディア化が進んできたという事情がございます。つまりいまのテレビを取り巻く環境といいますのは、多メディア・多チャンネル化であり、デジタル化であり、メディア利用者の好みがどんどん多様化し、それに合わせてメディアも増えてきました。

他方において、これはやや専門用語かもしれませんけれど、ＨＵＴ（テレビの総世帯視聴率）が少しずつ減ってきているという問題もございます。もう片方で、今日も大きなテーマになるのかもしれませんが、若者のテレビ離れなどということがおきましたし、また視聴率というテレビ独特のものさしには、地上波放送以外の「その他」とよくいわれるＢＳですとかケーブルテレビですとかの視聴が、増加してきているという現象もあります。

そんなことで私の学生はときどき、テレビはもう「いけてないメディア」だと申します。それではテレビはどこへ行くのかということも、今日は議論が出来ればと考えています。

また理解をそろえるためにいいますと、テレビ産業のいまの利益構造では、東京一極集中がずいぶん進んでいるように見えます。さらに番組制作費が削減されている、人件費も下がっていると指摘をする方もいます。広告メディアは不況のときにも、比較的早く立ち戻るメディアだといわれていますが、他方におきまして、局内のその他事業の分野での収益が、随分増えてきているという指摘をされる方もいらっしゃいます。

ここに民放連の研究所が出しているメディアの将来像のデータをお持ちしましたけれども、テレビのところをご覧いただくとおわかりの通り、テレビの収益については、いままでのような急激な伸びはないが、まあ横ばいではないかという見方をする方もいらっしゃいますし、今後も伸びていくという見方をする方もいます。

他方におきまして、倫理的なことでいえば、テレビ批判はさらに続いております。不祥事が今後もしばしば新聞や週刊誌を賑わすことは確かだといえようと思います。それから、テレビの営業収益に比べれば、ゲームの方がビジネスとしてはるかに成長株ですよということをおっしゃるアナリストの方もいらっしゃいます。

ちょっと前に亡くなられたスティーブ・ジョブスは、「テレビを見ると僕たちを阿呆にしようとする陰謀の匂いを感じた」と書いていますし、「とっても使いやすいテレビを作りたいと思っているんだ」というようなことも書きました。まさにｉＰａｄのことだと思います。そんなことを私の方から少しご紹介をした上で、パネリストの方々に自己紹介を兼ねながら、いまのテレビをどう評価なさってるのか、問題提起をしていただければ思います。では、私のお隣の石田さんからお願いいたします。

半径五メートルの歌

石田　毎日放送の石田でございます。『ちちんぷいぷい』という番組に出させてもらいまして、今年で十四年目に入ります。新入社員の人から、「石田さん、私小学校のころから見てましたよ」と言われて、もうそんなに担当しているのかと思うくらい長い番組になりました。

いま音先生から問題提起された、「テレビをどう思っているか」ですが、実はテレビの制作者っていうのは、あんまりテレビを見る時間がありません。いつも「こんなことではあかんな」と僕ら言っているのですけれども、そんな実態があります。

そんなことを思いながら社を出ますと、大阪駅前で若い子がギターを弾いているのに出会います。で、結構好きですから聞くのです。上手い子も下手な子もいるのですが、もうひとつ、ピンと来ないのですね。入って来ないのです。「なんやろうな、なんやろうな」と思って考えましたら、その歌に、ひとつはオリジナリティがないのですね。「どっかで聞いたことあるな」と思いながら聞いていて、もうひとつ気が付いたことがあります。その人が生きている半径五メートルくらいのことしか歌っていないということです。

朝起きてご飯がおいしかったとか、彼女のうなじがきれいだとか、五メートル以内のことだけを歌っている。それではこっちにはピンとこないんです。で、ふっと思ったのが、これ結構、いまのテレビが陥ってることと同じではないかということです。

「どこも同じようなものを放送してる」とか、「同じような人が同じように集まって、仲間内の話をしてる」とかよくいわれて、そうならないようには頑張ってはいるんですが、新しいことをしてうけると、他もすぐに真似てきます。やられた途端に、もう隙間を埋められたことになるので、次の隙間をさがさなければというしんどい作業のなかで、内輪話に陥ってはいけないと思いながらもがいている。

そのもがいている姿が、大阪駅前で歌っている子に対して「面白くないな」と思っている自分と、テレビを見て「面白くないな」と思っている視聴者とに重なるのですね。それを見て、新しいことをやっていくこと、半径五メートルをこえたことをどんどんやっていくことが必要なんだなぁと改めて思うんです。

しかしその一方でですね、その歌っている子らの周りには、ちゃんと若い子がファンとしてついているわけです。彼らは一生懸命真剣に聞いて、ＣＤを売るのを手伝っているのですね。で、それは、彼ら若い子にとっては、その子の歌っている歌がオリジナリティがあると感じるからなのでしょうね。僕らにとってはすでに聞いたことのある歌でも、その子たちにとってはまだ聞いたことのない歌なのかもしれない。

で、それだけかなと思って良く見ていると、彼らの喜びは、発信できる喜びでもあるんですね。自分らが作った歌を発信できる。僕らの若いころ、レコード会社でレコード出そうとすると大変でしたけど、いまはパソコン一台あればレコードが作れて、手売りができます。そうすると、自分らの歌というものを発信出来て、自分らの身近なことを発表できる、つまり簡単にメディアを持てるんですね。で、それに対してコアなファンがついて、一緒に盛り上げてくれる。自我とか感性を共有できる。これはある意味、いまのネットやないかと思うのです。

ということは大阪駅前で歌っている子はいまのテレビのしんどいところを体験し、しかもネットの受けているところを体験している。最近そう思うようになりました。

ただ僕らはやっぱりプロですし、マスメディアですから、やはりその半径五メートルのことばっかり歌っているわけにいかないし、新しいことをどんどんやっていかなければいけません。新しい何をするかは、観てくれている視聴者がどんな人たちかということでも変わってくるのですが、発信できるメディアを持った若い子たちがいっぱいいるわけで、これまでも発信し続けてきたメディアとしてはどうあるべきかを考えながら、新しいことをやっていかねばと、私は最近、そういうふうに思っております。

音　ありがとうございます。最初から非常に重要な問題提起をしていただいたと思います。後で少しこのあたりも議論させていただければと思います。

では、松本さんお願いいたします。

サービス精神旺盛な大阪のおばちゃん

松本　はい、朝日放送の松本です。私は『探偵！ナイトスクープ』を、最初からやってきました。私は朝日放送に一九七二年に入社して以来ずっと現場で、バラエティ番組・お笑い番組一筋でやってきて、いまも現場に立っているという非常に特殊な人間ですので、あんまり難しいことはよういわんのですけれども、とにかく毎週毎週、テレビ観ている人にどれだけ喜んでもらえるか、あるいは自分がどれだけ面白いと思えるか、これを求め続けているわけですよね。

先ほど高橋さんのコメントがありましたけれど、中高年にも楽しめる番組とおっしゃっていましたよね。まさに私のテーマの一つは中高年にも楽しんでもらえる番組です。というのは、私自身が六十二歳で、もう中高年ですよね。自分自身が面白い番組でないと、やっていて興味を、楽しみを、持てないんですよね。

私の夜の楽しみというのは、夜、十時十一時くらいから、地上波そしてＢＳチャンネルを回して、何か面白いものはないかといつも探しまくっているのです。ときどき、「これは面白い」と思ってしばらく滞在するんですけど、それが終わってしまうとまた必死で探しまくって。なかなか見るものないのです。仕方がないから消してしまおうかなって。

みなさんもそんな経験をお持ちではないですか。私はいまとにかく中高年という年代のくくりだけじゃなくてね、テレビを日頃はあまり見ないけれども、こういうテレビなら見てみようという、割と知的な人ですとか、活動的な人たちに見てもらえるテレビ番組を作りたいなと思っています。それに最近若者のテレビ離れがすごく進んでいるともいわれますけれども、この時代をこれから生きていこうとする元気な若い人たちにも、見てもらいたいと思っています。つまり非常に欲張りな考えですけれども、私のような年寄りにも見てもらえる番組、そして若い十代二十代の人たちにも見てもらえるような番組、こういう番組を作り続けることが使命だと思っているんです。

で、今日はひとつ、このなかでお笑い関係は私一人のようですので、私の持ってきたビデオをみなさんに見ていただきます。ナイトスクープのビデオのなかの私の大好きなビデオです。

先日、山中伸弥さんがノーベル賞をもらわれました。あのお宅には奥さんと娘さん二人がいらっしゃるんですけど、家族四人そろって『探偵！ナイトスクープ』の大ファンなのだそうです。そう週刊誌に書いてありました。あの先生の研究が進んだのは、家庭によって精神的に支えられているからだそうですが、同時にテレビが大好きで、それが家族円満の秘訣なのだそうです。そのビデオをちょっとご覧いただければと思います。ピンクレディーは誰にでも踊れるのかをとりあげた『探偵！ナイトスクープ』の名作のひとつです。

（ビデオ流れる）

松本　終わりですね。いいでしょこれ。何回見ても楽しくて仕方ない。仕込みも何にもなしなんですよ。

二十九歳のディレクターが、大阪のミナミとか商店街を、寛平さんと一緒に歩いたらこんなビデオが撮れるんですよ。こんなもの大阪以外では撮れないですよね。往診途上のお医者さんが「駄目駄目」といいながらピンクレディのフリで踊る。「主人に怒られる」とか、「どうしよう」とかいいながら踊る。こんな街、ほかにないですよ。大阪ならではの取材なんですよね。

この番組は三十一局でいま放送されていて、いろんな全国の人たちの依頼に応えていますので、全国の人たちが出ますけれども、大阪の素人さん、一般市民にとってのステージなんですよね。

よく「大阪のおばちゃん」っていいましてね、もう傍若無人に電車のなかとかエレベーターのなかでベラベラ喋りまくる、厚かましい、品がないおばちゃんが映画とかテレビに出てきます。でもとんでもないですよね。大阪にはそんな婦人はいません。むしろ周りのことを良く気遣ってね、人に楽しんでもらうためなら結構いろんなことしましょうという人たち。大阪のおばちゃんは要するに、テレビがこういうふうに期待しているんだったら、一生懸命それに応じましょう、その世界に入り込んであげましょうというサービス精神の持ち主ですし、コミュニケーションを大事にする、そういう都会人なんですよね。こういう街は他にないわけですよね。京都にも神戸にもない。

こういうところで番組を作るのが、大阪オリジナルな番組の作り方ですよね。

私が入社した頃はね、大阪には、『蝶々雄二の夫婦善哉』とか、『おやじバンザイ』とか、『新婚さんいらっしゃい！』とか、そういう視聴者参加番組の伝統がありました。カップル成立番組というのも視聴者参加番組で、朝日放送では『プロポーズ大作戦』、私もやっていました『ラブアタック！』、関西テレビさんの『パンチＤＥデート』。こういう関西人のサービス精神を活かした関西独自の番組作りがありました。

その伝統を継いでいるのがナイトスクープなんです。これも完全な視聴者参加番組ですよね。

昔はトークしてもらうだけだったり、ゲームしてもらうだけだったりでしたけれど、ご覧いただいたように、「こんなこと出来ますか」ってプレッシャーを加えると、それに応じてはじけてくれるのが、関西人なんですよ。

で、もう私二十四～五年これを作っていて、そろそろあとから出てきた番組が、僕らの番組を追い越して爆発させてくれるだろうと願っているのですが、なかなか出てきません。いつまでたってもナイトスクープ、ナイトスクープはないだろう、と私は怒っているんですが、出てきませんね。しかしやってる以上は視聴率トップを毎回狙っています。最近、『梅ちゃん先生』とか『サザエさん』に時々負けたりしますけれども、だいたいトップから四位までに食い込んでいます。

テレビっていうのはどこまで面白いことが出来るのか。私はその面白いテレビをどうすれば作れるのかだけを、限りなく考えているんですよね。この枠のなかで、こういう仕掛けのなかで、何が出来るのかだけを考えています。そして同じ発想で後を追ってくる番組を待っています。しかし、なかなか出てこない。だいたい大阪の局があまり昔ほどバラエティ番組を作らなくなりました。情報番組はいっぱい出てきているんですけれども、バラエティが昔に比べたら全然少ない。バラエティだけじゃなく、ドラマも音楽番組も一杯作っていたのに、いま大阪発で全然作っていない。このことが私には残念です。

音　ありがとうございます。ナイトスクープ・ワールドにぐっと引っ張り込まれました。と同時にナイトスクープ・ワールドがずっと続いていることが、何を意味しているのかを、改めて問われた気がします。これについても後でディスカッションが出来れば、と考えています。

では次に関西テレビの老邑さんお願いします。

慌てているが、わくわくしている

老邑　関西テレビ宣伝部の老邑と申します。私もピンクレディーは踊れます。

私が所属しているのは宣伝部という部署なんですけれども、ここは皆さんご存知の通り、番組の視聴率獲得のために日々宣伝活動をするのが仕事です。それに加えて、私は皆様もよくご存知の関西テレビの局キャラのハチエモンのマネージャーのような、母親のような仕事もしております。

私は宣伝部に在籍して五年になるんですけれども、じゃあ二十年前は何をしてたかなと思って考えてみましたら、その頃、私は放送部という部署におりまして、アナログのマイクロ回線、それから衛星回線というテレビを放送するための回線のスケジューリングをしたり、コントロールをしたりする仕事をしておりました。

ちょうど、TBS系では、『さんまのからくりテレビ』が始まった頃だと思いますし、私、阪神ファンなんですけれども、阪神ファンにとっては八木裕の幻のホームランの頃ですし、ジャイアンツには松井秀喜が入団した頃で、このように挙げていきますと、そんなに遠い昔のことじゃないような感じですけれども、この二十年でテレビを取り巻く環境はすっかり変わってしまいました。

テレビは長い間、日当たりが良くって、ぬくぬくしている南東の角部屋で、一人暮らしをしてきました。でも最近気がつきますと、デジタルデバイスという新人がこの部屋に入って来ていまして、初めのうちは無視をしていたんですけれども、随分大きな声を出し、元気だし、一応ご挨拶もしてくれたので、じゃあということで、二段ベッドを買いまして、一緒に暮らすことになりました。ところが最近、「二段ベッドじゃいやだ、ダブルベッドで一緒に寝ようよ」というふうに、そういう状況になってきました。そしていまテレビは、そのことで慌てている。だけどわくわくしている、そういうことだと思います。

デジタル環境というのはどんどん整ってきて、多様化してきていますね。このことによってテレビを取り巻く環境が激変していて、地殻変動の真っただ中といってもいいんじゃないかと思います。

たとえば、インターネットのコミュニケーションツール、いわゆるソーシャルネットワークは、非常にテレビとは親和性が高くて、なかで交わされている会話、つぶやきの半分近くは、テレビ番組についてだという調査があります。

二〇〇八年はミクシィ（mixi）の年であったといわれていますし、二〇〇九年にはツイッター（twitter）が出てきて、二〇一〇年にはフェイスブック（Facebook）、そして今年はライン（LINE）の年となりました。去年あたりからはいま自分が見ている番組をテレビ画面のなかでフェイスブックを使って共有しあうというような、そういう仕組みなんかも生まれてきています。

インターネットのなかでは、すでに古典といわれるホームページやブログ、それにプラスしてＳＮＳとか、それからみなさんも使われているＥＰＧといわれる電子番組表やデータ放送、こういったデジタルデバイスを、番組作りとか宣伝で利用することは、いまはもう当たり前になっていますけれども、この使い方とか、どういうふうにルールを作って運営していくかとか、それを使うための組織作りとかをしている間にもどんどん新しいツールが生まれてきて、あっという間に消えてしまっているツールがあったり、新陳代謝が激しいのです。制作者とか宣伝担当者は、これをどんなふうに使っていけば一番効果的か、走りながら考えている状態です。

そして、皆さんも利用なさっている方もおられると思いますけれども、スマートフォンが出てきて、ここ二、三年そのスピードに加速がついてきているような気がします。テレビはいまこのようにデジタルデバイスと切り離せない関係になってきてはいるんですけれども、どういう関係がベストなのかを探し続けている現状です。この環境をきちんと理解して、負の面を恐れずに、次のテレビの文化を創るために利用していけば、面白いことが出来るんじゃないかと、わくわくしています。

「今、テレビは慌てています。けれども、わくわくしています」っていうのが、私が日々感じていることです。

音　「慌てているけど、わくわくしている」。わくわくの向こう側に何があるのか、そのわくわくがどういうふうに現実になっていくのかを後で議論していただければと思います。

では、脇浜さんお願いします。

これはなんかおかしいぞ

脇浜　はい。読売テレビの脇浜紀子です。丙午の生まれですので、そこそこの歳になっているんですが、一応現役のアナウンサーをしております。

私のテレビの仕事は、何から始まったかといいますと、ちょっと写真持ってきたんですけど、この温度計の横で始まりました。『ズームイン!!朝!』、いまは『ズームインスーパー』って名前が変わりましたが、その全国キャスターを、延べでいいますと十年くらいやらせてもらって、関西一円あちこち出かけていって、生中継で全国に向けて、関西の情報をお届けするという仕事をやってきたわけなんですが、それをやっているときにね、なんか、ちょっとこう違和感というか、「なんかへんやな」っていうのを感じながら、ずっと仕事をしてきたのです。

それは何かっていうと、やたらと京都からの中継が多いんです。もちろん京都ってトピックがいっぱいありますのでね、やれ紅葉や桜や、っていうのは分かるのですが、ちょっと必要以上だろうと。なんでかなと思って聞いてみたら、東京の日本テレビが「京都からやってくれ」っていうのだそうです。それは何故かっていうと、京都から中継すると東京の視聴率が上がるのだそうです。だから「読売さん、京都からやって」と発注が来る。うん、なるほどと。

それからまた、ズームインをやっているときに、東京のキャスターから私は、「ナニワの姉ちゃんは」

とか、「大阪のおばちゃんは」って呼ばれたんですけれども、これもちょっと違和感があって。私ね、神戸生まれの神戸育ちなんですよ。いまも神戸に住んでいて、大阪に住んだことは一度もないんです。だからまあ確かに大阪の局からお届けしているんですけど、なんかナニワのねえちゃんといわれるのにはすごく違和感を感じて、これがきっかけで、テレビについて勉強をしなきゃいけないなと思うに至りました。

ここで私の方から構造的な問題、地域情報に関して問題提起をさせていただきたいのですが、「日本に民放テレビ局が一二七局ありますよ」っていうのを、図で示してみました。先ほど音先生がおっしゃったとおり、民放は地域に免許が出ていて、一二七局あります。これを次の図で、系列ごとに色分けすると、こうなります。全国大体、系列ごとに組織されているということになるのですが、右と左と真んなかに大きく表示されているところがあります。これがいわゆる広域圏で、関東と中京と関西ということになります。この広域圏局だけには複数の県にまたがって放送免許が出ています。

そこで次の図で関西と熊本県を比べてみたのです。ちょっと見てください。熊本県は県単位で放送免許が出ていますので、熊本県のなかにもいわゆる日テレ系、フジテレビ系、テレ朝系、ＴＢＳ系という地方の局が四局あります。もちろん関西にも、いまここで並んでいるわれわれの局があります。

人口は熊本県が百八十二万人です。それに対してちゃんと四局ある。関西は二千万人、十倍以上の人がいるんですね。でもそれに対しても四局しかない。確かにそれ以外にも大阪府にはテレビ大阪、兵庫県にはサンテレビなどと、県域の局がありますけれども、それでも、一局あたりの人数を出してみますと、関西の人への情報の量は薄まることになります。一日って二十四時間しかないので、熊本の局であろうが、関西の局であろうが、それ以上は放送できませんから、人口当たりで割ると、関西の方が情報が絶対に薄い。こういうことになります。

そしてもうひとつ、これはちょっと見にくいのですが、私たち読売テレビが所属するＮＮＮ系列局の平日のお昼のニュースのローカル枠の時間です。これは二〇一一年の九月現在なんですが、まず全国のニュースがあって、「続いてここからは関西からお届けします」とか、「ここからは熊本からお届けします」とローカル枠になりますが、熊本県民テレビはお昼のローカルニュース枠が四分三十五秒です。そして読売テレビ、私の働いているところでは、お昼のニュース枠が三分十秒なんです。

熊本県は熊本県内のニュースだけを扱って、四分三十五秒ニュースを流すのに、読売テレビは二府四県に対して三分十秒しかニュース枠を持っていないんですね。当然、取り上げるニュースっていうのは、少ないことになります。

ですからわれわれ大阪で何かあったら取り上げますけど、例えば同じくらいのニュースが兵庫県であっても和歌山県であっても、取り上げられないことがおこるわけです。これは物理的にそういうことがおこるというわけです。ですから、一票の差がいま問題になっていますけれど、地域情報の観点から見ますと、われわれ関西に住んでいる人間の方が、熊本県に住んでいる人よりも、情報に接する点で損をしている感じがあります。

最後にですね、これがきっかけでメディアのことを勉強しようかと考えたのですが、私は阪神大震災の当日、高速道路の倒壊現場に中継車よりも早くつきまして、そこから一日レポートをしていました。その時、とある女性、お母さんと娘さんですね、が私のところにいらっしゃって、「脇浜さん。そこにお父ちゃんが埋まっているんです。お願いだからテレビでいってほしい。テレビでいったところにしかレスキュー隊が来てくれないが、私らには連絡方法がない。だからテレビでいってほしい」と頼まれました。

そこで私は現場から中継車のところに行きまして、「これこれ、こんな人がいるから、テレビで放送したい」といいました。そうしたら、中継車はまず大阪の読売テレビに、無線で連絡をとります。大阪の読売テレビはそこから、東京の日本テレビに問い合わせるんです。というのはもう災害報道特番という形になっていますから、東京の日本テレビが何を流すか流さないか決めるという状況なんですね。だから、東京の日本テレビに、「これこれこういう人が来ているから放送枠が欲しい」と問い合わせるんです。あげく私のところにだいぶ経ってから帰ってきた答えは「時間がないからボツ」でした。私はその声を放送することができませんでした。

その時にこれはなんかおかしいぞ。地域で地域の人のための情報の仕事を、私はしているつもりだったんですが、それを阻むものがあるんだということに気付いて、勉強しなきゃなというふうに思いました。

その三点を私からの問題提起とさせていただきます。

音　これも非常に重要な問題だと思います。

いま四人の方にお話をいただきましたけれども、いまお話をいただいた四方は、実際に大阪の放送局の現場で、番組とたずさわっていらっしゃる方々です。そのお話のなかでも、何人かの方がご指摘されたように、テレビがいま若者にあんまり見られなくなっているんじゃないか、という問題があります。ではその若者たちはどこへいったのかとなると、ネットです。私の大学の学生たちもそうなんですけれども、テレビよりもニコニコ動画を見ている時間の方が多いというような学生も時々出てきます。

そうしたことでいいますと、ネットは「いけてるメディア」といわれますが、そちらの側から見て、いまテレビはどう見えるのか、杉本さんにお話しいただこう、と思います。

ニコニコ動画の世界観

杉本　はい、ただいまご紹介にあずかりました杉本でございます。ニワンゴという会社よりも、ニコニコ動画のほうがなじみが多いかと思いますので、ニコニコの杉本ということで、お見知りおきいただければと思います。

ニコニコ動画は動画サービスという認識があるのですが、われわれはその状態を、ニコニコ動画とは呼ばないんです。ニコニコ動画というのは、視聴者の書きこみで画面に字がいっぱい拡がっているこの状態をいいます。しかしながら、画面を汚しているつもりは全然ありません。この映像のいわゆる尺、タイムラインに応じて、この「あー」や「わー」とか「w」という感情表現が同期していくのがすごく重要です。もっとも画面の上にあるかどうかというのは、実はたいした問題ではないのですが、載っていることで、見ている視聴者がとても興奮しやすいという効果があるので、載せているのです。つまりあくまでも演出の枠のなかの話です。

ですからわれわれは、動画サービスという認識を持っておりません。そうではなくて、「共通の話題を通じてネット上で多くの人とつながりあいを持ちましょう、出会いましょう」という機会を提供する場、それがニコニコ動画だと考えています。つまり僕らはコンテンツフォルダーとか、コンテンツプロバイダーというよりは、プラットフォーマーだと考えています。あくまでも「場」を作っているだけです。そこにコンテンツを提供しているのはユーザーであり、それを摂取するのもユーザーであるというのが基本的な考え方です。

皆さんは、ネットで映像配信をするというと、ビデオオンデマンドサイトを想像されると思います。ユーチューブ（YouTube）さんとか、ギャオ（GyaO!）さんとかです。でも残念ながら我々の会社のなかでは、この二社の話題が出ることは皆無です。会議の話題にもなりませんし、社員同士の会話のなかにも入って来ません。

話題になるのはどちらかというと、ツイッター（twitter）やフェイスブック（Facebook）の話で、「こういったものがいまこんな感じだよ」とか、「いまユーザーさんがこんなものを流行らせているよ」とか、「あれが炎上しているよ」とか、そういう話はしますけれども、これも決して競合視しているわけではないんです。あくまでも僕らは他の競合会社を見るよりも、ユーザーを見ているのです。

ニコニコ動画上の構造にはコンテンツもあります。動画というのがメインのコンテンツになっているんですけれども、それに対して視聴者のAさんやBさんは、三者三様、必ず影響しあう構造になっていきます。コンテンツを見る側というのは、見て面白がったり、つまらないと思ったり、興奮したりするわけですが、それをお互い見ている。例えばAさんが「面白い」と興奮している状態をBさんが見て、「あ、これは面白いんだ」と理解するわけですね。そうすると「僕も面白いよ」ということになり、気持ちがどんどん感知されていって、そのまま面白い場所になるんです。そういうことをやる場所として認識されています。

さらに、そういった場所に話題を提供したい人、例えば洋服を買ったとか、髪の毛を切ったとか、あるいは昨日のテレビの話をしたいとか、話題を持ち込む人がいます。それが、動画の投稿者であり、配信者です。ですから、全てがユーザーによって構成されています。

ユーザーのなかには個人もいますし、団体、企業、あるいはマスメディアもいます。またコンテンツを提供する人、それを摂取する人、こういう人すべてを僕らはユーザーとして認識しています。ここがちょっと考え方の違うところです。

それぞれが必ず影響しあう環境というものを作ることによって、ニコニコ動画上のサービスが活性化する。これがすごく重要なことだと思いますし、実は最近流行っているインターネット上のサービス、ウェブサイトの構造のなかには必ずこれが入っています。フェイスブック(Facebook)にしても、ツイッター（twitter）にしても、アマゾン（Amazon）にしてもですね、こういった構造が成り立っているからこそ、その場が活性化しているということです。逆にこれがないサービスというのは、どんどん死んでいっています。ここがポイントです。

ニコニコ動画には現在ユーザーが二千九百万人いて、有料会員という方もいらっしゃいます。月に五百円払っていただいている方ですけれども、その有料会員がいま百七十万人以上いらっしゃいます。

そしてこのプラットフォーム上にはいろんなメディアが乗っているわけで、いろんな人がメディア行為をしています。

ですが二千九百万人いるユーザーがひとつのマスメディア、マスの場として機能することはありえません。もっと極端ないい方をしますと、インターネット上にはマスメディアは存在しません。どんなに大きくなっても、あくまで一つひとつのカテゴリーに偏った形で、行き来しない、縦割り状態の世界観です。

これはニコニコ動画だけが特徴としているものではなくて、すべてのウェブサービスにいえることです。ですから、フェイスブックにいまユーザーが八億人いますけれども、この八億人をマスとして見ることは非常に危険な話です。細分化されたメディアの集合体でしかない。ですから、横ぐしにして何かが出来るということは、ほぼ奇跡に近いということで、インターネット上でマスマーケティングとか、プロモーションをすることほど、ある意味、愚かな行為はないと思います。

それと、従来のメディアサービスと、われわれのウェブサービスとの違いなんですけれども、いわゆるマスメディアは、コンテンツや情報を発信して、お茶の間に提供するわけです。ですから、マスメディアがサービスやビジネスとして意識することは、そのコンテンツをいかに創出していくか、提供していくかということになります。

しかしウェブサービスが考えているのは、それとは逆なんです。意識するのはお茶の間、消費者、コンシューマーの世界です。ただそれでもニコニコ動画の場合は、コンテンツを提供することもサービスの一環になることがあるんですけれども、例えばフェイスブックとか、ツイッターは、コンテンツのデリバリー機能が全くありません。

ですので、僕らがいつも意識しているのは、実はコンテンツが届いた先、お茶の間、もっというと、コンテンツそのものが完全に消費される瞬間です。消費される瞬間といいますのは、例えば「このテレビは面白かった」とか、「面白くなかった」とか、それを人に話す瞬間です。

ですから、われわれはインターネットサービスを、人と人をつないでいく道具、あるいは線だと思っていますし、このなかで出来るサービスという意味でいえば、まずコンテンツを消費する行為からサービス化していかなければいけない。そこが一歩目です。その意味でテレビとの関係は、競合する関係では全くないと考えています。この点では誤解されることがありますが、それは扱っているコンテンツが似ているからで、本当は全然反対のものなんです。

具体的な事例でお話しますと、例えばニコニコ的な環境にかかれば、映画を見るという行為、これはビデオオンデマンドのサービスに類するものですが、先ほどお話したようにコメントが画面にかかる、あるいは共有する環境を作ります。そして映画は観賞するイベントに変わります。

ここの映画を見ていただきたいのですけれども、左がハリー・ポッターで右がフルメタル・ジャケットという映画です。いずれも上とか横に、コメントが載っています。で、左側はハリー・ポッターのクライマックスシーンなのですが、観客が興奮している状態というのが、視覚的に感じられます。右側はこの坊主の新人兵士が鬼教官にいじめられているところで、声を出してみろっていわれて、「あーっ」っていっているんですね。そうすると観客が一緒にコメントで、「あーっ」といっています。要するに、一緒に見るんじゃなくて参加するのですね。このようにサービスが変質していきます。

ですからニコニコ動画にのると、これまでの映像コンテンツが持つ付加価値とは全く別の新しい価値が、創造されていくわけです。さらにこういうことをイベント化すればすることによって、同じコンテンツを何回かけても、リピーターがどんどん増えていきます。またイベントに参加するためには予習と復習が必要ですから、コンテンツの予習復習のためにコンテンツを買うとか、使うという行為が、どんどん増加していきます。あるいは「一緒に見ようぜ」、「一緒にやろうぜ」っていう人も出てきます。そうなってくるといわゆるバズ効果が出てくる。これは面白い現象です。

バルスというキーワードで世界記録樹立

もうひとつ、こういうことを試験的に、我々はやりました。昨年、ジブリ映画の「天空の城ラピュタ」という映画を民放テレビで放送しているとき、一時間五十五分後に主役の二人が「バルス」という呪文を叫びました。この時にインターネット上で何が起こったかといいますと、いろんな人がいろいろな情報発信のなかで「バルス」っていう言葉を入力して叫びました。それがインターネットを楽しんでいる方々のなかではすごく当たり前のイベントです。このときにはツイッターで、バルスというキーワードで世界記録を樹立しました。一秒間に二万五千ツイートされたというのです。

ちなみに、ニコニコ動画上では何が起きていたかというと、日本テレビさんの放送にあわせて、同時間帯に裏番組的に、芸人さんやジブリに関係が深い方、というよりもファンの方々が、テレビを見ているシーンを視聴者の方にお見せして、最後に「じゃあこのバルスという言葉を一時間五十五分後に一緒に叫びましょう」といいました。するとこのバルスが唱えられ始めた瞬間に、ちょうど右側の方にバルスバルスって書いてあると思うのですけれども、あれが一斉に流れ始めます。するとコメントが百万個くらいになってしまいます。

要するに、視聴するというのではなくて、一緒に叫ぶわけですね。ですから、これまでのテレビを見るという行為と、していることが異質なのです。全然違います。

そしてこういうことを理解していくことが、次のサービスを作るということにつながっていく可能性があるわけです。つまり視聴者との情報を共有することで、パブリックビューイングが成立するんです。最近ですと、日本テレビさんが、ジョインTVだったり、ウィズTVという形で、実現させています。かなりすごいなと思っているんですけれども、重要なことはですね、コンテンツサイドに対して視聴者側が変化を与えられないと双方向とはいえないのですね。勝手にパブリックビューイングしているだけという形になるので、実はインタラクションしていないのです。

で、例えばこういった形でこの左側にもう一つシーンを作ることによって、そこに対しては視聴者が影響を与えられる場所というのを作っていくわけです。すると、冒頭で説明させていただいた、三角形の構造というのが成り立ってくるんです。そこまでやって実は始めてインタラクションしているというんですね。最近ですと、スマートテレビなどでダブルスクリーンという言葉がよく出るのですが、ダブルスクリーンがジョインTVだったりウィズTVを実現させたとはいえ、時代はダブルスクリーンではもう遅いんです。トリプルだったりとか、あるいは四つ、五つぐらいの情報処理を並立してやれるぐらいのサービスに進化していかなければ、スピードとしては遅いと思われます。ですから、そういった意味では、関係者は焦った方がいいということです。さらにネット関係のインタラクションを使うことによって、社会的な指標を作るということにも貢献が出来る可能性が出てきます。

例えば原発の是非とか、あるいは内閣の支持率等についても、十万人規模のアンケートが一瞬で終わります。大体一分から数分ですね。数日間の猶予が与えられれば、百万人規模のアンケートを取ることも可能です。こういったものはコンピュータプログラムのなかに一瞬にして集計されますので、組織票が入ることもありませんし、精度としても非常に高い。

ただ、ちょっと年齢的なばらつきがありますので、その精査がこれからは必要にはなってくるんですけれども。しかし手法としては非常に効果的な方法ですし、これを使って新しいプロモーションにも使えると思います。これまで想像しなかったところで、いろいろなサービスの可能性が出てきているわけで、そういうことをもっと模索していかなければいけない。考えることがすごく多いんです。逆にこれまでの焼き直しをネットに持っていくことをしてみても、それはほぼ受けません。

その流れにのって僕らがイベントを開催しますと、例えば二日間で九万人以上の方が来場されます。過疎地をまわっても、五箇所で三万人から四万人を呼ぶことが出来ますし、ネット来場者は三百五十万人にも達します。そのような生活空間を演出することを、僕らはやっています。要はコンテンツをきっかけにした生活空間を演出していくことを、僕らは常に意識しています。

さらに余談なんですけれども、こういう話をしていくなかで、ちょっと今日はすごくアウェーなんで、あえてこういう突っかかった話をするんですけれども、これだけの方がいらっしゃるなかで、「テレビの未来と可能性」というキーワードでツイッターを検索します。そうするとリアルタイムで呟いている人がいま一人もいません。これはですね、大問題なんですね。この検索キーワードでひっかけると、昨日二つ、今日一つ。いずれも「行けなくて残念」っていうのが入っているんです。で、それ以降更新されていないっていうことは、要するにこの場所そのもののリテラシーが問われてしまう。そういうことなんですね。まあひとつのバロメーターとして使うとそんな感じのことが見えてきます。

音　ありがとうございました。今日一番最初に石田さんが、ご自身の番組で発信をする一方で、いまの若者たちも発信していることを問題提起してくださいましたが、そのことといま杉本さんにご指摘をしていただいた話は、まさにつながっているのではないかなと思います。

この問題提起についてはあとでやりとりをさせていただくとして、最後に黒田先生、メディア研究者のお立場からお願いいたします。

自信をなくしているテレビ局

黒田　はい、黒田でございます。みなさん放送関係者の割にはですね、時間をかなりオーバーしています。それともうひとつ、この会場を見ていての感想めいたことをいいますけれど、杉本さんの話を先ほど老邑さんがいわれた、「慌ててわくわく」しながらメモをとっている放送業界の方の姿と、「わけがわからん」と寝てしまった人の姿と、一生懸命目を輝かせて見ている若者の姿と、三つに分かれているのが、なかなか面白いなという感じをいだきました。

しかしここでテレビの話に戻して、お話しますと、先ほど石田さんが「テレビを見る時間がない」っておっしゃっていましたけれども、おそらくこのなかで私が一番テレビを見ているだろうと思います。おそらく一日十時間以上は見ていると思うんですね。研究室でずっとテレビはついてますし、会議中は見られないことが多いんですが、家に全局の二週間分のビデオが撮れるという装置もおいていますので、そういうのを使ってほとんどテレビのなかで生活しています。

私はいま六十一歳。つまり日本の民間放送はじまったときに私も生まれてきたわけで、そのなかで育った、テレビっ子です。その立場からちょっとお話をしますと、昨日九時からのＮＨＫのニュースで、間違っているところがありましたので、メールを書きました。間違ってる番組を見ると、ＮＨＫに限らず、例えば『ちちんぷいぷい』にも、すぐにメールを送るのですけれど、その時に割合すんなりご返事が返ってくる場合と、無視される場合とがあります。ＮＨＫはあんまり返事をよこしてもらえないんですが。

昨日、メールをしたのはどういう間違いだったかというと、くだらんといえばくだらんことです。オバマとロムニー候補がカトリック教会の慈善団体のパーティーで、ジョークのいいあいをするイベントに参加した。そのことをニュースでとりあげ、そのなかのコメントで、「二人ともタキシードを着て」といいました。コメントだけでなく下のテロップにも、タキシードと書かれていました。しかし、来られている方は全員、タキシードじゃなくて、燕尾服、スワロウテイルの正装なのですね。タキシードっていうのは略礼服。わずかなことですけど、ファッションにこだわる私としては、これはＮＨＫがいかんだろうと、連絡をしました。

このような時、各局には視聴者からの声を聞くセクションがあります。それは一面大変いいことなんですけれど、このような部署を作ったこと自体が、テレビが自信をなくしていることの裏返しだと感じています。

テレビは昔、作る側が面白いと思うもの、信じているもの、これだっていうものをどんどんぶつけていく。そういう傲慢さがありましたし、テレビっ子の私には、テレビが「俺たちが神様だ」と傲慢にふるまう、それがテレビの良さだと感じていました。しかしそういう平和な時代があっという間に消えてしまって、皆さん、少し慌てているという感じをいだいています。

で、実はその話に関連して、七年前に音さんや民放各局の方と一緒になって書いた『送り手のメディア・リテラシー』という本を持ってきました。この本はもう古くなりましたけれども、関西の放送者はどうあるべきかということで、タイトルを「送り手のメディア・リテラシー」としたんですね。これはどういうことかというと、当時テレビは盛んに受け手のメディア・リテラシーをいうようになりました。「テレビをもっと理解してくださいね」、とか「テレビとはこういうもんなんですよ」といい出して、メディア・リテラシーという言葉が流行りました。

だけど私はちょっと違うのです。どう違うかといいますと、テレビっていうのは、そういうもんじゃない。何にも考えていなくても、テレビを信頼して、茶の間に転がって見ていたら、面白いことから大事な情報まで、色々提供してくれる。受け手はアホでもなんでもOK。テレビ局の人がしっかりしている。だから、「テレビ局の人がしっかりしたメディア・リテラシーを身につけて、正しい情報、面白い情報をちゃんと作れるようなノウハウを身につけて下さいね」といった意味も込めて、このタイトルにしたわけです。

後ほど時間があればさらに詳しくお話しますけれども、新しいテレビの時代っていうのは、インターネットが生まれ、グローバル化する時代のなかで、送り手がしっかりと責任をもって、「私からあなた方へ」っていう、名前を持った情報を提供していくことが求められる時代です。これをスローフード運動に因んで、私はスロー放送と名前をつけたんですけど、そういう放送をこれからは目指すべきじゃないかという提言をこの本でしています。

先ほど杉本さんのお話を、良く分からんなって感じで聞いておられた方も、テレビだったらもっと簡単に説明してくれて、ニコニコ動画の使い方をもっと楽しく説明してくれる。つまり、テレビの役割ってそういうもので、だからこれからテレビはそれで生きていけるわけで、「何も考えなくても、テレビを信頼していたらちゃんとした情報をくれる」、そういう放送であり続けるためにはどうすればいいかを、今日は議論したいな、と思っております。

音　まさに黒田先生がおっしゃった通り、予定を大幅にオーバーしているんですが、それはそれとして、いまの黒田先生の、作り手がしっかりしてくれれば、視聴者は十分楽しめるはずではないのかというご指摘とはまったく違う意見も、世のなかには存在します。

実はこのシンポジウムを開くにあたって、何人もの方から、「テレビをどう見るか」、「テレビはどうあることが望ましいか」をアンケートでうかがいました。このなかで社会学者の加藤秀俊先生は、「いまのテレビはもうダメだ、もう堕ちている。もはや放送に期待する視聴者なんかいない」といいきっておられます。

また、田原総一朗さんからは、「テレビがチャレンジ精神を取り戻さないと、ネット映像がどんどん入り込んできて負けてしまう。このままではテレビはダメだ」というご意見をいただきました。

もうひと方ご紹介いたします。北海道放送の溝口博史さん、いまはもう経営の側におられますけれども、ドキュメンタリストとして非常に知られた方です。溝口さんはテレビで関西弁や大阪の笑いを知り、日本列島の広さと多面性を教えられた。ところがいまでは京都が舞台のドラマでも、出演者は誰ひとり京言葉を話さない。「科捜研の研究員しかり、京都地検の女性検事しかり。テレビの歴史は地方の過疎化が進み、地方文化が失われていった時代と重なるのではないか」というご指摘をいただきました。これは、先ほどの六人の方々のお話と重なるところがあろうかと思います。

ひとつは、エリアとか地域の問題です。日本は東京一極集中が進みましたが、大阪は非常に発信力がある地域です。ではここから何を発信していったらいいのか。

実はこのことに関しては、黒田先生と昔からよく議論をしたことなんです。先ほどの松本さんのお話を聞くと「ナイトスクープ」だというふうに思えるし、石田さんの声を聞くと「ちちんぷいぷい」のようにも思えます。石田さん、いかがでしょうか。

大阪の放送資源

石田　先ほど松本さんは、「ナイトスクープ」は大阪でないと成立しないとおっしゃいましたけれども、「ぷいぷい」も、これ本当に大阪じゃないと絶対成立しない番組でございます。しかしその話に入る前にちょっとだけ、僕は実は「石田の法則」というのを若い頃から作っておりまして、世のなかに当てはめています。

その第一条は、クラスで一番もてる子は二番目にかわいい子だということです。一番目はダメ。これを実践したのがＡＫＢです。第二条は全て消えゆくものはサザエさんのなかに書かれているということです。サザエさんを見ていると、そこに書かれていることは結構消えてゆきます。例えば、お茶の間の会話。いまは随分減ったといわれていますね。それから例えばマスオさんが帰りに一杯飲むっていうのも、しょっちゅう出てきますけれども、最近そういうことも減ったといわれています。もうひとつ、おばちゃん方の井戸端会議。これも減ったといわれていますが、大阪ではかろうじて残っています。

で、実は「ぷいぷい」というのは、消えてゆく井戸端会議の共感の場、その共感の場をベースにしているところがありまして、例えば街で子供にお母ちゃんに電話をさせて、「お母ちゃん今日の晩御飯なに」って聞く、そういうコーナーをやっています。これが東京のタレントさんには大好評のコーナーなんですね。大阪にくると、このコーナーが楽しみだ、というくらいで。

なんでかっていったら、家庭が見えると。そこから、その家が。何を食べるということよりも、「あんた何してんの、はよ帰っておいで」とか、お母さんは息子には優しいけど、娘には厳しいとか、そういう家庭が見えてくる。そのほかにですね、酔っ払っているおっさんを捕まえて、「負い目がありますか」って聞くコーナーがありますし、井戸端会議風ということでいいますと、街頭インタビューも多用しています。

これは全部、サザエさんの世界に書かれていることで、われわれはそれを、放送の材料として取り出している。それが、成立するのは大阪やからなんです。

大阪は酔っ払いが毎度毎度面白いことといってくれるし、晩御飯のことをとりあげただけで面白い会話になる。お母さんは娘のことを相当ぼろくそにいったりするんですよ。でもこちらが、「すみません、毎日放送で、いまこうやって録画させてもらいました。放送させてもらってよろしいですか」と聞きますと、東京やったらとんでもない話、「やめてくれ我が家の恥になるから」となるところ、大阪はほぼＯＫです。「どうぞどうぞ、悪いのはうちの娘やからね」みたいにね。

街頭インタビューも、やっぱりね、大阪の人って、やたら気のきいたことを言うてくれる人が多いんですね。例えば、その昔、松下幸之助が亡くなられた時、東京から大阪で街頭インタビューしてくれと頼んできました。インタビューすると、ある大阪のおばあちゃんが、堂島の人だったと思いますけどね、「松下幸之助さんが亡くなられました」っていったら、心の底からね、「あの人にはお世話になった」というんです。「便利なものつくってくれて、お世話になった」と。

このインタビューを前にすると、どんな街頭インタビューもけし飛ぶんです。こういう大阪っていうか、関西があるんで、僕はその関西の財産をこれからどう活用していくか、大事にするか、共感の場として番組にどう取り入れていくかを考えるのが大事だなと考えています。

地域とのキャッチボール

音　老邑さんは、関西テレビの広報で、自社をＰＲし、なおかつイメージを作っていくことをされているわけですけれども、ローカルコンテンツをどんなふうに考え、ローカルメッセージをどんなふうに出していらっしゃるんでしょうか。

老邑　ローカルコンテンツは、地産地消じゃないとだめだろうなと考えています。やっぱりこの地で作ってこの地で消費する。それが生ものだったらますますいいわけですよね。大阪には、関西にしか作れない番組の土壌があると私は思っています。流してもいいですか。

音　どうぞ。

老邑　先程私は、関西テレビのハチエモンのマネージャーのようなことをやっているとお話しましたが、もともとこのハチエモンは、局のキャラクターとして生まれたんですけれども、二〇〇八年あたりからは関西を応援するためのプロモーションっていうか、そういうものに使うようにしております。そのなかの「ありがとう！関西」を是非ご覧ください。

（ＶＴＲ流れる）

老邑　これは関西テレビが二〇〇八年に開局五十周年を迎えた時に、関西のみなさまに「ありがとうございました」という意味を込めて作った「カンサイジーン　ありがとう関西」というプロモーションビデオです。この映像では建物とか人にハチエモンのトレードマークの大きな口びるを付けているんですけれども、出てくるもの全ての許可を取っています。すると「俺こんなんつけるの嫌やわ」っていう方も、「そんなものがうちのビルにつくのは困る」っていう方もおられませんでした。関西人のノリに本当に感謝しました。

カンサイジーン：奈良公園の鹿

「困るといったところはありませんでしたか」とよく聞かれるんですけど、全部ＯＫをいただいております。例えば、「大文字山からはどうやって許可とりはったんですか」って言われるんですけど、大文字保存会にちゃんと伝えて話をつけておりますし、奈良公園の鹿も奈良公園管理事務所に「よろしいですか」と聞いて、「ああええですよ」となって口をつけています。この辺がやっぱり関西の懐の深さっていうか、いいところだなと私は思っております。

音　ありがとうございます。

杉本さん、いまの老邑さんが話をしてくださったように、放送局が地元のさまざまな企業ですとか、視聴者とキャッチボールをされていらっしゃるというお話、そして先ほど石田さんがお話をしていただいたように、自分のエリアの放送資源っていうんでしょうか、大阪の人がまだまだメディアをかきまわしてくれる、キャッチボールしてくれるっていうことがお話に出ましたが、それは先ほど杉本さんが、ニコニコでやられていらっしゃる、例えば小会議などと共通するものとして考えてよろしいのでしょうか。何を申し上げようとしているのかっていいますと、地域っていうものを、ニコニコはどうとらえているのかという問題です。

杉本　ネットのなかだと、地域性みたいなものは出てこないとよくいわれるんですけれども、実際なんだかんだいっても、われわれが生活しているところは、東京も含めてローカルのかたまりなんです。それって僕が先ほどいった、マスじゃない感じで、日本全国で盛り上がるといっても、結局はローカル単位です。だからコミュニティ化したとか、セグメント化したってことが、すごく重要だと思います。

先ほどのイベントの話で、うちの会社ではいくつかの過疎地も含めたローカルの拠点をまわったりしているという話をしましたが、やっぱりそのなかですごく重要なのは、拠点としての都市圏があって、ローカルで何かをするってことじゃなくて、それぞれのローカルエリアのなかで、そのローカルの方々が本当に楽しめるものをしっかり作ることが大事だと思います。

先ほどの関西テレビのＣＭにしても、あれはもう関西に向けて関西の方が作ったからいいのだと思いますね。そうやってローカル色を極限まで盛り上げると、そこからはずれた周りの人たちに、ちょっとやっかみが出てきて、羨ましい感じになる。そして自分たちには何ができるんだろうとのぞきに来て、それがじわじわじわじわと拡散していって、最終的に首都圏みたいなところまで巻き込んでいってしまう。そんな起爆力は、多分地域にある。地域ですごい熱量をおこすことが非常に重要なのかなと思えてきます。それが僕らなりに考える町おこしの原点です。

音　ありがとうございます。いまのお話を少し整理をすると、民間放送は県域で免許が与えられていると、先ほど脇浜さんがご紹介してくださいましたけれど、どの局もその地域の視聴者とキャッチボールをしている。そして杉本さんからは、ネット上でも同じようなキャッチボールがあるというお話をいただきました。

関西テイストとは何か

音　そこで、これは松本さんにお聞きするのですが、ナイトスクープっていうのは、関西で作った映像を、全国でも展開されているわけですよね。では、東京の視聴者はどんな反応をするのかっていうのはあとでお話を伺うとして、ハリウッドの映画がアメリカで作られているんだけど、ワールドマーケットであるのと同じように、関西テイストのものが日本全国で受け入れられる。その時における関西テイストって何なのか。松本さんはこれまでどんなことを考えて、四半世紀やられてきたんでしょうか。

松本　関西テイストですか。関西テイストをどういうふうに考えるか。

音　つまり、関西に住んでいらっしゃる視聴者とキャッチボールをしている一方で、向こう側の見えない人にもボールを投げていて、でもちゃんと返ってきている。そのときこのボールは特別のボールなんだと思っていらっしゃるのか、それとも東京からもどってくるボールは関西のボールとは全然違うなと見ておいでなのか、そのあたりどう感じておいでてでしょう。

松本　いや、ちょっといまの質問の趣旨とは違うかもしれないですけれど、私がここ十年、すごく感じることは、もともと大阪の番組っていうのは、大阪のタレント、漫才師とか噺家、私が仕事に入った頃でいえば、仁鶴さん、三枝さん、西川きよしさん、横山やすしさんといった大阪在住の、大阪のタレントさんが、大阪のテレビ局の番組の司会をして全国に発信していくものだったんですよね。つまりこの大阪の話芸をもつ人たちが、一般の素人の人たちとコミュニケーションをとりながら、番組を進めていくって形で、私たちはさまざまな番組を作り上げてきたわけです。

ところがある時期、そういう大阪テイストの番組が非常に面白いと東京も受け入れた後、大阪の司会者をどんどん東京でも使うようになり、それと同時に大阪のタレントが、大阪を離れてみな東京に住むようになりました。

さんまさんもそうですし、まあ紳助さんは半分こっちですが、ダウンタウンとかナインティナイン、四十代以下の若手芸人は、いまはもうほとんど東京に住んでいますね。しかも、大阪の制作者、ディレクターたちも彼らと一緒に東京に行って、一緒に仕事をしているケースがたくさんあります。構成作家もそうです。

つまり東京のテレビ局は面白い番組、バラエティ番組の圧倒的多数を、関西のタレントさんで仕切らせて、スタジオを関西のスタジオのように化けさせてしまったわけですよね。昔大阪のタレントさんが東京に行ってボケたりすると、誰もそのボケにつっこんでくれなかった、すごくさみしい思いをした。ところが、いまや東京はもう完全に関西味ですよね。

大阪の番組が作り続けてきたテイストが、いま東京のスタジオで増殖してですね、しかも昔はタレントさんが素人相手にしていたことを、いまはタレントさん同士でしている。おかげでものすごい勢いで関西のタレントさんの数が東京で増えて、東京から発信される番組のかなりの部分が、関西的な世界になってしまいました。

ですから大阪の局がバラエティを作ろうと思っても、もう人気のある関西タレントは使えないんですね。朝日放送では十年位前からさんまさんにオファーしているんですけど、大阪の局なんかには出てくれません。毎日放送さんだけには、昔からのつきあいで別ですけれど、他はお断りです。その結果、大阪局は、朝日放送もそうですけど、所ジョージさんとか、ビートたけしさんとか、東京の有名どころをつかまえて、東京的な空間で番組を作っているんです。

別に大阪の局だから、大阪的な番組を作らないといけないということもないわけですが、大阪局が東京のタレントで東京のスタジオで番組を作っている状態は、ちょっとさびしい感じです。それはつまり、大阪が田舎になってしまったことですが、それをもう当たり前に感じている人が多いですよね。朝日放送のなかでも、大阪でローカル番組を撮るのは二軍の世界でね、一軍は東京のスタジオで全国ネットの番組を作る、そういう意識が蔓延しつつありますよね。

音　そのお話を、先ほどの石田さんのお話につなげると、大阪のおばちゃん的な視聴者がどんどん増殖して、日本中が大阪人になってしまっているのかもしれませんね。それから先ほど話に出た関西の視聴者をどうとらえるかっていうことですが、オーディエンスが以前以上に共有体験を求め、以前以上に発信したいという気持ちをもつようになっていることも間違いありませんね。黒田先生、この点はどうでしょうか。

黒田　私ね、さっきから思っているのは、関西人と関西の関係です。私も関西大学の教授ですから、関西と名前がつく職場にいるのですけど、この関西って言葉は、実は結構新しいのですよね。明治時代に、関西という言葉が一般的に使われるようになりましたけれど、関西弁や関西人、関西文化って言葉は、一九七〇年代、つまりつい最近使われるようになったもので、昔の新聞や文献を探しても、関西人という言葉は出てきません。例えば京都弁とか、大阪弁というい方はありますし、大阪人、京都人というようないい方もありますけれど、関西人というくくりは、かなり最近になってからなんですね。

そこで「関西」というくくりで、文化的なかたまりが意識できるようになったのは、いつごろからか、これは明確なデータはないんですけれど、何人かで議論して、大体こうだろうという結論になったのは、民放のサービスエリア、民放の在阪局の広がりと、大いに関係があるということです。つまり在阪局から関西ローカルのニュースが流れ、さらに例えば吉本新喜劇といったような関西色の濃い番組が流れるようになって、そのなかから「私たち関西人」、「私たち関西弁」という意識が生まれてきた。これは民放テレビの影響力が非常に強くなってからの出来事なんですよね。

ですから、一九六〇年代の映画とかドラマを見ても、いまのいわゆる関西人とか、大阪のおばちゃんのような存在は、一切出てこないですよね。それが一九九〇年代以降に一挙に変わる。先ほども話が出ましたけれど、吉本の東京進出からですね。特に大阪のステレオタイプ表現っていうのは、九〇年代に集中して出てきます。

例えば一九六六年に作られた日活映画に、『青春の大通り』っていう作品があります。主人公は吉永小百合、松原千恵子、浜田光夫。それで舞台はどこかっていうと、大阪なんですよ。浜田光夫は大阪の放送局でアテレコの仕事をするという設定です。つまり大都市としての大阪に、全国からいろんな人が集まってきて、若者にとっての夢の仕事をする。登場人物は皆、普通の大阪弁をしゃべっています。吉永小百合さんも大変美しい大阪弁でした。浜田光夫はちょっと変な大阪弁でしたけれども。それで、都会の青春が描かれる。細かいことをいいだすと、量的なデータはまだまだありますけれど、それは省略します。

ところが一九九〇年代以降になると、ステレオタイプの大阪のおばちゃんが出てきます。そして二〇〇〇年代になりますと、大阪のメディアが結構それを内面化していくのです。自ら大阪はこうだって。そして、関テレさんには悪いんだけど、先程のビデオのように「関西人はこうなんやから」っていうようなことを、関西テレビは堂々とやらはるんですね。

これは根っからの大阪人、住吉区で育って吹田にいる私からいうと、どうかなって思うんですけど。二〇〇〇年代になるとさらに内面化されていってですね、二〇〇六年ごろには、例えば朝日新聞が、「大阪人のエスカレーターにのるマナーが悪い」って記事を載せます。東京から出張で来た人の意見をとりあげて、東京と右と左が逆で邪魔だと書きます。でもあれは、一九七〇年の万博の時に大阪が世界のルールに沿って決めて始めたんですよね。つまり大阪の方が世界のルールに沿っているし、歴史も古い。私が高校三年のときのことで、よく覚えているんですよ。でも大阪人はマナーが悪いといわれる。

このように大阪人のエスカレーターのマナーは、まず東京のメディアで馬鹿にされ、そこから始まって、二〇〇六年には、大阪の朝日新聞まで平気でそういう記事を書いてしまうわけです。というように大阪イメージの内面化が、この十年位は続いているんですね。

ここでちょっと話を戻しますと、確かに大阪の人は面白いし、そういう面もありますが、大阪の人たち、関西の人たちは、放送リテラシーの高い人たちですから、関西人が放送のなかで演じている様子を見て、「放送界の方はわれわれに、こういうことを期待しているのでしょ、こういうような話をするのがいいのでしょ」って感じで演じているところもあるのでは、と思うのですね。

それは決して悪いことじゃないのですけど、逆にこれは、先ほどどなたかがおっしゃったように、大阪の経済力、文化力が低下していることの裏返しでもあってですね、大阪は吉本とたこやきとタイガースだけの大阪になり下がってしまったことに通じると私は思います。私は半世紀前の豊かな大阪を知っているだけに、それが悔しくてしょうがないのですけど。

大阪には放送の資源になるものが、他にももっといっぱいあります。文楽にしてもそうです。大阪市長がどうのこうのという前に、大阪の人たち、大阪の企業が、「わずかな補助金くらい出せよ」っていうのが私の気持ちですね。そういうなかで、どんどん二軍化、二流化していって、それをまた受け入れてしまっている。東京メディアの期待通りのコンテンツ作りをはじめている。これをどっかで変えんといかんし、大阪はこれだけの経済力や、文化力をまだもっているのだから、変えられると私は思うんですよね。
　ちょっとあの、ごめんなさい。大阪人として、こんな話になると血が頭にのぼってしまい、音さんの質問にお答えしていませんでした。

視聴者の変化

音　脇浜さんは、お仕事がら、一番放送局のなかでも視聴者に近いところにいらっしゃると思うのですけれど、いまの視聴者はどうなのでしょうか。変わったのでしょうか。

脇浜　特に、大阪ということでなく、私自身がニコニコ動画のプレミアム会員で、テレビ以外のメディアも良く使っている立場からいいますと、「もっと便利に」「もっと自分の都合で」っていう欲求がすごく増えてきているのを感じます。
　例えば、コンビニエンスストアなんて、道を挟んで向かいとこっちに二軒あったりしますよね。あるいは、ファストファッションみたいなものが流行って、とにかくいま着たいものを着て、すぐ使い捨てるような、街中の空気が自分の気分に合わせて、自分の都合で便利なものを、どんどん求める時代になっているような気がします。その中でテレビ局だけは、自分たちの都合で野球中継を打ち切って、他の番組を始める。映画もノーカットじゃなく、編集して放送する。そのことへの視聴者、ユーザーの皆さんのフラストレーションが溜まっていっているだろうなという気がします。

二〇一二年末にはスパイダーっていう、一週間のテレビの番組を全部録画しておいてくれる機械が民間用に発売されるって聞いているんですけれど、そうなると一気に、視聴者の視聴スタイルが変わるんじゃないかなという気もします。

いまはテレビ局は、自分の都合でお昼は主婦向けワイドショーにするとか、深夜は若者向けの番組にするとか、ＣＭのまたぎで盛り上げてチャンネルを変えさせないようにするとか、放送局が編成を工夫していますが、その意味のなくなるときが、もうすぐに来るんじゃないかなというふうに感じていますので、視聴者の、ユーザーの変化っていうものを、もっときちっと受けとめていかないといけないんじゃないかなと思っています。

音　ありがとうございます。視聴者も変わる、それからメディアの状況も変わる、そのなかでテレビの未来はどのようになるのか、ということだと思います。このあとはそのテーマで進めていこうと思うんですけれども、ここで皆さんの話をちょっと中断して、会場の方の話をうかがおうと思います。

会場でご意見がおありの方はお手元の用紙にご記入いただいて出していただければと思います。

司会　ではその間、皆様には高橋さんのご発言を聞いていただきます。これも昭和五十二（一九七七）年の発言です。

高橋　毎日放送の創業の精神は日本の民主化促進に寄与するということでありました。自由主義を基調にした民主国家の繁栄のために、われわれの放送事業を役立たしめたいということにあったのです。次の四分の一世紀についても、この目標のために、われわれは大いに社会的使命を達成したいと考えます。現実のわれわれの仕事を反省してみるとき、最近の放送、番組は面白くないとの批判に対して、素直に考え直す必要がありそうです。最近の放送が面白くなくなったといわれる所以は、放送のパターンが固定化したためではないかと考えられます。事実、ＮＨＫをも含め放送各社を通じて、パターンが固定化してしまって新鮮味がないという印象は否定しがたいと思います。午前何時にニュースがある。天気予報が続く。午後には主婦向けのものがあって、夕方には子供番組、夜には娯楽的なドラマがあるといったパターンが出来上がっていて、それがまた当然のように考えられているようです。一度思い切ってこのパターンを打ち破ることは出来ないかを考えていただきたいと思います。

司会　高橋信三氏はいまから三十五年も前に、このような発言をされました。

さて皆様からはたくさんの質問をいただきました。ありがとうございます。そのなかからいくつかご紹介させていただきます。

まずはこちら、「これから先、高橋信三さんの望んだような品格の高い放送内容を実現させることが果たして可能なのでしょうか」「二十代の放送局社員およびスタッフは何を意識して、どのような放送人になっていけばよいのでしょうか」、続いては「情報の質を保ち、人権を守るために果たすべきテレ

ビの使命と役割について伺いたい」「いまテレビが面白くないのは、制作者が視聴者の興味のありようが分からなくなっているから。つまり視聴者目線が分からなくなっているからではないか」、続いて「皆さんの思う面白いとはそもそも何でしょうか」、さらに「将来的にニュース専門局といったチャンネルはもっと増えるのでしょうか」「多チャンネル・多メディアの時代、局の経営者は大変難しい選択に迫られているのではないでしょうか」「十年先のテレビはどうなっていますか」

このようにさまざまな質問が集まって参りました。音先生お願いいたします。

音　いまお読みいただいた質問の多分何十倍かのご質問をいただきました。そのなかからいくつかをピックアップするような形になってしまいまして、申し訳ございません。ただ、この後の議論は、このご質問も参考にしながら、進めたいと思います。

ひとつ大きな問題は、「いまのテレビには何が足りないのか」ということなのではないのかと思います。先ほどの高橋信三さんのお話をお聞きし、もう片方で先ほどのご質問をふまえて、それでは「いまのテレビに何があればいいのか」、そういう議論だってあっていいのじゃないかなと思うんですけれども、石田さんどう思われますか。

石田　難しいですが、最初に僕がお話させてもらったことに戻ると、ギターを弾いている男の子の歌がつまらないのは、「その子の周囲五メーター範囲のことしか歌ってへんからかな」と思うといいました。放送にも色々な放送があるから、全部が全部ではないですが、うちは違いますが、最近、自分たちの半径五メートル以内のことで放送が成立すると思っているらしいことが目につくことが多くなって、月並みですけれども「視野を広げろ」ということを感じます。なんとなく内輪受けでお茶を濁していることが多いような気がします。でその理由を、例えば制作費であるとか制作時間であるとか、そのせいにするのは違うと思います。

音　石田さんからご覧になって、先ほど質問にありました、「テレビにとっての面白さ」って何なんでしょう。

石田　これもまた非常に難しい。僕はいま入社して二十八、九年になるのですけれど、テレビ局に入りまして、いい番組とはなんやということは、それなりに考えたつもりなのです。しかしまだ答えに行きつかない。明確にこれっていうのはいいだせないんです。ただ、普段僕はテレビを作りながら街に出ているので、じかに視聴者から声を掛けられます。その感じで一言でいうと、いい番組っていうのは、僕はやっぱり文化やと思います。文化になりえているかどうかということが、いい番組の規範だと思います。それが例えばお笑いでも、井戸端会議でも、その奥が深ければ文化になりうるわけですから、文化になっているかどうかが、いい番組の決め手だと思っています。しかし本当にそうなのか、僕が定年までに答えが出るかどうかは分からない。ただそう意識はしています。

いまのテレビに足りないもの

音　松本さん。いまのテレビに足りないものってなんでしょう。

松本　僕は足りないものが多すぎると思います。いまのバラエティ番組でもドラマでも、昔に比べるとすごくレベルは高くなっていると思うんです。例えばドラマの構成も映像も演技も素晴らしいし、シナリオも素晴らしい。しかしそれでいて番組に対する感動は少なくなっている。「この番組を見なければ」ということがなくなっていっています。なんででしょうね。

僕はね、ひとつは、こういうこともあると思います。六十年の歴史の中で、テレビに革命をもたらしたのは、ＥＮＧカメラだと思います。もともとは報道取材のために開発されたＥＮＧカメラが、バラエティの世界にも入ってきて、バラエティ番組の作り方を根底から変えたんですよね。ナイトスクープもそうですし、例えば毎日放送は、そのハンディカメラの機動力を発揮して、『夜はクネクネ』という画期的な番組を作りました。『なるほど！ザ・ワールド』もそうですね。それが大体三十年ぐらい前の出来事です。しかしその後は、テレビが鮮明に映るとか、大型になるという変革はあっても、それ以外は何も変わってないのですよね。ではもうかなりのものが出尽くしたというか、試みがされつくしてしまったのかというと、それも違う。

僕はね、テレビ局にね、頭のいい人が入りすぎたと思うのです。というのは、私は、京都大学法学部っていう、なかなか賢い人がいる学校を出たんですよ。それで、僕がテレビ局に行ったら、友達からね、「いいところ行ったな、お前にピッタリやな」といわれたのですけど、世間の人たちからはね、「もったいないことして」といわれました。「なんでそんなつまらんところにいったんや」っていわれました。

僕らが入社した時は倍率も低いものでした。六百人受けて、二十人通ったんですけれど、というと三十倍かと思いますとね、三十倍じゃないんです。その六百人がＭＢＳ、ＹＴＶ、ＫＴＶ、ＮＨＫとぐるぐる回っていってね、どこかに受かっているんです。

でもいまは違いますよ。いまは有名大学の経済学部、法学部。要するに昔だったら銀行、商社、航空会社に行ったような人たちがね、テレビ局の方が給料が良いといってね、どっと流れこんできて、競争率が五百倍とかになっています。それで私らのときはね、本当に素晴らしいくらいアホな人もたくさんいました。

それに私たちが入社したころは、四十代の人たちがテレビ局という世界を作ってきた人たちですので、好き勝手にやっていました。まだ四十代ですから活力もある。その人たちが、「若手がもっとしっかりやらないとあかん」『もっと好きなようにやれ、わしらがやってきたように自由にのびのびとやれ」といっていました。

ところが、いまは窮屈になってきましたね。これまでこういうふうに上手くやってきた。それを上手くアレンジして、これからも作ろうとしている。「好きにやって、君のおもろいところを百％出してや」などということは、もうないような感じがするんです。アレンジメントの世界でしかなくて、クリエイティブの世界じゃなくなった。それがテレビをダメにした気がするんですね。

音　それはちょっとまずいですね。

松本　まずいです。だからね、良くするために、僕はもう一度、給料を下げるべきだと思っています。いま放送局の給料ってすごくいいんですよ。王様か貴族のような暮らしでね。「プレジデント」を見ると、日本の一部上場企業のトップは、いつも朝日放送です。東京の局をはねのけてトップです。儲かって仕方がないところの社員なのです。それで面白いものが作れますか。作れそうな人は入社できません。ですからもう一回、他所ではあんまり働けないような人たちがよってくる方が、面白い局になるんじゃないかって思いますね。それでね、給料は半分くらいにして、その分を制作費にどんどんつぎ込んだらね、また良い番組が出来るようになると思うんですけれど。ちょっと大げさな話になって申し訳ありません。

音　老邑さん。いまテレビに欠けているものってなんでしょう。それからいまの松本さんの話にもつながりますが、どういう放送現場の人たち、放送人が生まれればいいのでしょう。

老邑　まず最初のご質問の、いまのテレビに足りないものは、送り手と受け手のずれを感じる力が、乏しいことかなと思います。昭和は多分テレビのためにあった時代だと思うんですけど、どうも平成になってからは、作り手が上から目線の番組が増えてきたのじゃないかなと感じます。それにテレビに関する知識、選球眼っていうのでしょうか、それが圧倒的に制作者よりも視聴者の方が上になってきているような気がします。

それから未来像というか、制作者がこれからどうなっていくかという点でいいますと、あと五年たつと、スマホ世代の高校生たちが、テレビ局に入社してくるんですよね。で、彼らが制作者側にまわるっていうことになるんですけれども、小さい頃からソーシャルメディアに親しんでいて、自分の掌のなかで世界中の情報がリアルタイムで入ってくることを、日常的に体験している人たち、いわゆるネットリテラシーの高い世代がテレビ局に入ってきて、テレビというメディアをどのように変えていくかは、すごく楽しみです。計り知れない可能性を感じます。

音　脇浜さんいかがですか。

テレビにはなんでもありすぎる

脇浜　はい、テレビに足りないものということなんですが、私はなんでもありすぎると感じています。例えば編集技術とか、コンピューターグラフィックスとか、色んなものが発達して、編集するとぴらぴらーと飛んで行ったり、なんかあったらコンピューターグラフィックスを使って表現したり、あと字幕スーパーでコメントが全部出てくる。それも色とりどりの字幕スーパーを使うようになっています。それでね、新しい放送技術を使って映像表現を高めるのはいいと思うのですが、それが高まった結果何がおこっているかなと。

私は高々二十数年しかテレビ局に勤めていないのですが、感じるのは、一番コアなテレビのスキルが落ちていることです。例えば昔のカメラマンは、絶景の紅葉生中継というと、その絶景の紅葉をいかにきれいに撮るかを考えていれば良かったのですが、いま何がおこっているかっていいますと、「あ、すみません、カメラさん、サイドスーパーがここに入るので、それをよけて下さい。それからコメントがここに入りますんで、二行、それも理解してカメラで撮ってくださいね」っていうのです。ですから単純に美しいあの映像をこのカメラで撮ろうってことじゃなく、ここにスーパーが入るとか、ここにCGが重なるとか、そういうことを考えて、撮らなあかんようになっているのが、果たしていいのか悪いのか。

それから、いつのころからか女子アナが温泉に入らなくなりましたね。皆さん、私が温泉に入っているのは、見たくないと思いますけれど、私も昔はよく入れられたんですよ、温泉に。それも単純な発想で、「今日は視聴者の皆さんにこの温泉を見せたい、だからリポーターの脇浜、入ってな」、これだけでした。ところがいまはもう女子アナが温泉中継で温泉に入ることは、絶対にありません。映像がネットに流出して、その映像でなんか変な映像が作られるようなことがあったら、全部会社の責任になるので、「うちの局の女性アナウンサーは温泉には入れません」というルールが、十年ぐらい前に出来ました。

なんかこう、いろんなことがありすぎて、がんじがらめで、まあ逆のいい方をして、いまのテレビ局に足りないものはといわれると、隙とか、遊びとか、危うさとか、冒険とか、おそらくテレビ草創期にあったものがすべてなくなってしまって、とにかく無難に作ろうとばかりしていることが残念で、わくわく感がなくなったなっていう感じがします。

音　私は昔、メディアマーケティングのようなことをやらされました。オーディエンスリサーチをするゼミだったものですから。

その体験上、送り手側が視聴者をチェックして、視聴者が何を考えているのかをマーケティングデータで分析をして、それを制作現場に持っていくのはナンセンスだと私は思っています。調査をしてきた側だからこそ、私はそう思うのですけれども、先ほどのご意見のなかで、「視聴者目線が、制作者側に分からなくなってきているんではないか」という、発言がありました。

ところがいま杉本さんがされているのは、正に圧倒的に多くの人たちが、こっち側が好きっていうことを明確にその場で支持、それもリアルタイムで支持するというメディアです。これはある意味すごく暴力的でして、杉本さんとご一緒にニコ生に初めて出た時、出るとすぐ、「あの出てる人物の顔汚い」とか書きこまれるんですね。それは、すごく痛くて痛くてしょうがないのですけれど、隣にいた杉本さんが、「全部読まなくていいから」といってくださったのです。

つまりネットではキャッチボールがリアルタイムで行われて、なおかつどちらの方がたくさん見られているとか、どちらのほうが支持が多いのかが、すぐに分かる世界です。それとテレビは同じでいいのか。既存の地上放送は、ネットと同じになっていいのかという問題があると思います。そんなことを、フリにして、杉本さんからいまのテレビに足りないものは何かをうかがいます。

杉本　そうですね、ニコニコ生放送などを通じて、音先生には正に体感していただいていますけれども、僕もよく出ていて気付くことは、僕らが伝えたいと思っていることももちろんキャッチアップしてくれるのですけれども、お茶の間では、どうでもいいところに、オーディエンスの議論の中心がいってしまったりするんです。例えば、僕がしゃべっているにも関わらず、ＶＡＩＯを使っているわけです。そういう話で盛り上がったりとか、結構そういうことが多いんですよ。それをどのように、自分たちの意図するところに持って返すのか、それをすることが、ネットのインタラクティブなところです。それはテレビ放送では出来ないことですね。僕はそう最近意識しています。

テレビには何回か出させていただきましたが、すごくやりづらいですよね。例えばいまは話をしていても皆さんの顔が見えるので、興味があるのかないのか、温度感を感じながらしゃべりのトーンを変えたり出来ますけれども、テレビ局にいくと、面白いことをいっても誰も笑わないんですね。逆にカメラマンやタイムキーパーの方が、ひたすらこちらに向かって、プレッシャーをかけてくるので、頭が真っ白になるんです。

それにここがすごく違うなと思うのは、テレビは二十四時間編成の枠のなかで生きているので、基本的には始まった瞬間に、全てが終わりに向かって進行していくんです。カウントダウンしていくんです。それに対してネットに流れることは、どちらかというとカウントアップです。ですから、基本的には時間が守られないみたいなことが、平気でやられているという、全然違う世界観があったりします。

さらに言えば、視聴者としてテレビのもの足りなさは、脇浜さんに先にいわれてしまいましたが、なんでもありすぎるということだと感じます。

放送局に行くと、「他の局とは全然違うんだよ。差別化されているんだよ」という話を、すごく聞かされるのですけど、例えばの話、同じ時間帯にですね、ほぼそれぞれ、ベルトの状態で、同じような番組が流れているんです。ですから、視聴者目線でいいますと、ザッピングしても同じ番組しかやってないので、どれでもいいやって、だんだんどのチャンネルかもわからなくなってくるんです。そうすると、この人が出てるのって、何チャンネルだっけっていう話になってしまって、だんだんそれもどうでもよくなってきて、ただ映ってるものを漠然と観たりとか、あるいは「映らなくてもいいや」ということになったりとか、テレビはついていたけれども、ついていないのと同じ状態になってしまったりすることが多いと思います。

それにも増してテレビは、「いつでもどこでも」を、あまりにも意識しすぎていますね。しかし、いつでもどこでもテレビコンテンツを見るとなりますと、欠乏感が欠落してダメになります。いつでもどこでもよりは、永久に来ないという考えの方がいいのです。だから僕はネットサービスのなかでも、渇望感をあえて与えるために、結構ハードルを高く設定しているんです。それを乗り越えてきてくれたら、何か面白いことがあるかもしれないというような、そういうポーズをあえてとります。

音　ありがとうございます。では黒田先生。

テレビには「いま」が足りない

黒田　はい。難しいですよね。私ね、いまの杉本さんの話を聞いていて、テレビの特徴はやっぱり、一切ハードルのないところだろうなと思います。で、いま何が足りないのかっていう質問では、私は一杯いいたいことがありますが、ひとつだけいえば、テレビには「いま」が足りないと思います。「お前はただの現在に過ぎない」という有名な言葉があります。だけど、その現在っていうのは、ただいまこの時間に、何かとつながるということだけじゃなくて、テレビのドキドキ感というか予測不可能性というか、そういうことですね。その一番象徴的なのがスポーツで、ワールドカップがあのような高い視聴率とるのは、そういうことだと思うんです。

それを先ほどの話とつなげると、街に出たり、人と話をするところで番組を作り上げると面白いっていう、探偵ナイトスクープの話も、あれはプロが一生懸命作った「疑似的ないま感」ですよね。ぷいぷいでも、いつもやっています。つまり疑似的でしかないのだけど、次に何が起こるか分からんというドキドキ感ですよね。「混沌とした今」と向き合うドキドキ感とでもいえると思います。

それがいま欠けていると感じているのですが、それは、「混沌とした今」と直面することを避けたり、予測不能性を怖がって、混沌とした今を自分の手で出来るだけコントロールし、視聴率を稼ぎたいとする欲求が、作る側にどんどん高まってきているからだと思います。その極みがやらせであったり、仕込みであったりするわけです。視聴者はその「ドキドキ感」を実は楽しみにしているんだけど、送り手、作り手がそこを避けて通ろうとする。その結果、袋小路に入っているところがあるのではないかと思っています。

音　いま杉本さんと黒田先生のお話をお聞きしながら、私も同じようなことを思っていました。実は、杉本さんとも何回かご一緒したことがある土曜日の朝五時からやっているフジテレビの番組があるのですけれども、少し前からニコニコで流し、終わった後もニコニコで流すと何がおこるかっていうと、テレビに入る前は、全世界の人が見ることが出来るような状況だったのが、テレビ放送が始まったとたん、突然、東京のエリアだけのサービスになってしまう。つまり、エリア限定になってしまいます。そうすると、ネットの方がいくらでもアクセスできるわけですから、放送では渇望感が逆に際立つことになりますし、黒田先生がおっしゃったまさに、「お前はただの現在に過ぎない」という現在が、ある種の制限になっていて、それが逆にパワーになってくることもあるのかなと、いま思いました。

で、そのこととよく似たことをおっしゃっているように読み取れたのが、今回のアンケートのなかで、作家の辻井喬さんの回答です。この回答は、さすがに文学者なので、難しい。辻井さんは「放送局の役割は、公を掲げて政界、官界、財界に公の意識を発揮するよう要求することだ。それこそが放送に与えられた権限であり、役割だ。つまり、テレビは意見をしっかりいえ、政、官、財に正義の主張もしっかりしろ」ということをおっしゃっています。

それとほぼ同様のことをおっしゃっているのが、中馬清福さん、信濃毎日新聞の主筆の方です。朝日新聞の論説をやられていて、ヘッドハンティングされて信濃毎日新聞にいらっしゃる方ですが、「私は新聞人だが」というエクスキューズをつけた上で、「放送はおのれの情報観、ニュース観を一新する必要がある。つまり、新聞には出来ないことで放送に出来ることがある。それは映像で同時発信することだ。その映像を使って政治運動を革新する、政治をもっと見えるようにする、それからタブーを壊すことが放送の使命だ」と書いて下さいました。

タブーを壊すとは、これも先ほどのお話につながっているんじゃないかと思います。中馬さんはまた

「世間の良識を恐れるな」ともアンケートのなかで書いて下さいました。これはつまり「視聴者が思ってることと同じことを常にいわなくちゃいけないとは思うな」ということですし、なんとなく高橋信三さんのお話にも通じるのかなと思います。つまり高橋さんのいう「品格の高い放送内容を目指せ」とは、このことなんじゃないかって気がします。

またサントリーの鳥井信吾さんからは、特に関西ということでご提言いただきました。「関西文化の本質はサービス精神にあるのではないか。在阪テレビ局が発信することで日本の放送文化の発展に寄与した歴史があるじゃないか。原点に戻る時だ。東と西の二大ネットワークを再構築することが、日本の放送文化の活性化につながるんだ」、そうお書きいただきました。

それからもう一つ、今日もおいでいただいていますけれども、「地方の時代」審査委員長の辻一郎さん。辻さんは、「いまどうすれば現状を変えることが出来るのか。そのためにはまず優れた作品を、もっと多くの人の目に届かせる工夫をすることだ。それともう一つ、どの局も同じような番組を放送している現状を変えることだ。その第一歩は制作者が、これまでに放送されたものとは違うものを作ろうとすることだ」と書いています。それから、もうひと方、「地方の時代」映像祭プロデューサーの市村元さんは、「関西のジャーナリズムは国家と一定の距離を保ちながら、中央の視点とは異なる問題提起を行ってきた伝統がある。だから多くの地域、地方が、関西に期待している」、そのようなお答えをいただいています。そんなことをご紹介した上で、皆さんに最後に、放送の未来に向けての提言をしてもらえればと思います。石田さん。

哲学や文化を伝える

石田　関西、関東という意味でいいますと、私がやっている『ちちんぷいぷい』という番組では、アテネオリンピックの時に、西アナウンサーに携帯電話を二台渡して、「一台はお前がしゃべって、一台はお前が映して放送するねん」といって現地へ行かしました。それがやがてこの番組の世界一周企画につながりました。その時は「携帯電話で世界がつながるのなら、どうしてそれを利用せんのかいな」と考えて持って行かせたのです。

それと、もうひとつ意味がありました。それは何か。我々にはオリンピックの取材パスがないんです。JNNにはパスがあります。そのパスはもちろん毎日放送にもきます。しかしそれはスポーツ局や、報道局が使うべきものであって、我々にはまわって来ないわけです。これまではそこまでで終わっていたのですが、「パスがないことを前提に行こう、何が出来るか行こう」と携帯電話二台持たせたところ、西君がすぐに、「えらいことです」といってきました。「なんや」と聞いたら、「これはギリシャのどこでもうつると聞いていたんですが、いま立っているところから、半径二百メートルしか映りません」というんです。「そんなら二週間、毎日そこから放送したらええやないか。何かあるやろ。二百メートルあったら」みたいな話しながら、じゃあ何を映しだすかを考えてもらいました。またENGも昔の『夜はクネクネ』で使ったような大きなENGじゃなくて、二十万円も出せば放送に十分耐えられる画質のものがありましたから、それを持って行かせました。

またディレクターは、泊まるところがありません。そこで彼は、それこそ友達のおじさんの友達、はっきりいえば赤の他人の家に泊めてもらっているんです。そしてその家を取材して放送する。それは結構楽しかったんです。半径二百メートル以内にいるピンバッチを売っているおばちゃんを取材するとか。それは完全にオリンピック取材から離れているんですが、そういう取材があって始めて、オリンピック全体が見えてくるところがありました。

しかもいまではアテネオリンピックの時からさらに進んで、どんなところからでも、例えばジャングルからでも、電波を飛ばせるようになっています。電波っていうのはネットですね。ネットがつながるようになった。ということで、ある種ステレオタイプだった放送からはずれて、自分たちのやりたい放送とか、先ほども文化といいましたが、ちょっとそれに近いことがやれるようになったのじゃないかなと思います。

それと最後にもう一言、いわせていただきたいんですが、確かにいろんなツールが増えました。しかも安くなりました。通信も安くなって、良い画質のカメラも安くなって、編集機も持ち歩けるようになりました。おかげで放送に耐えうるコンテンツが非常に安価に、簡単に作れるようになりました。

でそれで思い出すのが、二十五年くらい前のテレビコマーシャルで、篠山紀信さんがいっていた言葉です。それはカメラの性能が非常に良くなったというコマーシャルなのですが、そのなかで篠山紀信は、「こうなればカメラマンにのこったのは哲学だけや」って言ったのですよ。だってきれいなものは誰でも撮れる。カメラマンに残されたのは哲学だけというコピーです。それがずっと頭のなかにあるんです。

哲学とか文化っていうと、非常になんかちょっと偉そうな、高いところ目線のようにとられるかもしれませんけど、そうじゃなくって、ツールは素人でも同じレベルものがあって、同じものを撮れるとしたら、そのときに最後に残るのは、僕はやっぱり哲学であり、文化であると思います。われわれは放送のプロなので、そこは悲観していません。与えられた限界のなかで、いかに哲学とか文化とか、ちょっとキザですが、それも下から目線で伝えていくということにすれば、放送には通信とは全く別のやりたいこと、やれることがまだまだいっぱいあると思います。

音　松本さん、お願いします。

松本　先ほどサントリーの鳥井さんから、「関西と東京とのネットワークを再構して、西と東の双方から発信できるようにする、もう一回そういうふうになるべきだ」というようなご意見が出てましたけれど、私もずっとそれを願い続けているんです。

私が一九七一年に入社試験をうけたときはですね、日本一のテレビ局から受けてみようと思って、一番視聴率の高かったＴＢＳに行きましたら、「今年は採用しません」といわれました。次に二番目の日本テレビに行きましたら、ここも「今年は採用しません」といわれました。そこで東京局の今年の採用がないのなら、関西の局でいいのじゃないかと思いました。

東京は全国に発信している。しかし大阪もすごい都会だ。さっき黒田先生が「五十年前は大阪も都会やった」とおっしゃっていましたけれど、私は滋賀県生まれで、京都で学生生活を送りましたので、大阪は大都会でした。大阪は全国にいろんな番組を発信しているし、ここは笑いの都でもあるな、エンタテインメントの都だな、僕は都に行くんだと思って、大阪局を受験したのです。

でも、もし私がいま大学三年生だったら、就職試験のときに、はたして大阪の局に魅力を感じるかどうか疑問です。これは何としてでも東京の局に行った方がええんちゃうかな、と思うかもしれません。大阪の局の魅力が昔のようではなくなりました。

それから先ほどの北海道放送の方がですね、「京都を舞台にしたドラマで京都弁をつかっていない」とおっしゃったのは、多分、テレビ朝日が制作している木曜のミステリーを指してのことだと思いますが、確かに誰ひとりとして、京言葉、関西弁を使っていません。その理由は関西にあんまり愛情がないからだろうと思います。

これを関西の局が作っていたらね、絶対素晴らしい関西弁でやると思うし、数字もちゃんと取ると思うんです。昔はね、ＡＢＣはちゃんと京都殺人案内を、藤田まことさんを使ってね、関西弁でやっていました。いま大阪でもしスタジオドラマを作ろうと思ったら、確かに東京よりも金がかかるかもしれません。しかしそこは給料を半額にする。また大阪に全国ネットのドラマを作れるプロダクションがないとか、バラエティを作るプロダクションがないということでしたら、お金をつんででも、東京から大阪に連れてきたらいいと思います。

つまりそれぐらいね、大阪制作、大阪のスタジオで作った、あるいは京都のスタジオで作った番組が各局でね、花開いてほしいと思います。ＮＨＫは大阪でドラマも作っていますし、バラエティも作っています。だからせめてＮＨＫ並みにね、民放も頑張ったらいい。そうしたらもう一度大阪のテレビ局も魅力をとりもどせるのじゃないかなと思います。

私、いまでもナイトスクープにかかわっていますけれどもね、このスタッフにはものすごく能力があります。この間ね、そのスタッフの一人が結婚式を挙げましてね、元と現のナイトスクープのスタッフだけで、三十四名も集まりました。もうそうそうたる顔ぶれのディレクターとかプロデューサーで、このメンバーやったら、面白い番組をいっぱい作れるなって思いました。私は大阪局に番組作りの昔の世界が、蘇ってほしいと願っています。

音　ありがとうございます。老邑さんお願いします。

これまでの成功を捨てる

老邑　最初に申し上げました通り、私は宣伝部におりますので、番組の視聴率を獲得するっていうのがメインの仕事なんですけれども、宣伝部っていうのは応援団のようなものだと思うのですね。阪神じゃないですけれども、応援団がいくら頑張っても、やっぱり球団が強くないと勝てないのですよね。だからテレビの番組もそういうものかなと思っています。ただ、勝ち負けの指標であるところの視聴率なんですけれども、テレビは、放送が始まってもう六十年にもなるのだから、そろそろ視聴率だけでない、テレビを評価する指標みたいなものが、出てきてくれたらうれしいなと私は思います。

テレビっていうのは常に泳いでないと死んでしまうマグロと一緒で、常に動いていないと錆ついてしまうメディアだと思うんです。だから、これまでの成功っていうのは、多分明日は雨が降らないのに持っている雨傘みたいに、邪魔なものだと思います。いまを捨てて、常に次の新しいものにチャレンジしていくのが第一かなと思います。

音　脇浜さんお願いします。

脇浜　はい。テレビの未来像ということで、二点ほど挙げたいと思うんですが、まず一点目は、いまは総合編成で、無料広告放送を送り出しています。しかしそろそろそれ以外のビジネスモデルが、出てこないといけないないなというふうに思っています。といいますのは、総合編成の無料広告放送で今後も放送を続けていて、しかも視聴率がどうのとなりますと、どうしても品格のある番組や、掘り下げた番組が出てきにくい環境になるんです。

もっというと、スパイダーっていう最初にご紹介したような、全番組を録画できるようなものが出てきますと、時間軸にしたがったテレビの編成っていうものも、意味がなくなってくるわけですし、作り手にとって実は朗報なのですね。私たち作り手は、もう視聴率の折れ線グラフを気にしながら、番組作りをするのに、本当に疲れています。そんなものにとらわれずに、もっといいものをつくりたいと思っているので、総合編成、無料広告放送以外のなにか形が出てきたら、純粋に良いものを作ることだけに向かえるのじゃないかと思います。ただそうなったときには、有料放送の可能性も生まれてきますよね。そのあたり、視聴者の方がどう判断されるかの問題が生まれます。

で二点目はですね。最初に話をした地域情報と関連するんですけれども、電波における放送枠にこだわったテレビの仕事だけでは、私は駄目だと思います。一日二十四時間しかない電波、しかも系列化されて、ネットワークのいろんなしばりがあるなかで、その放送枠だけで物ごとを考えていったら駄目なんじゃないでしょうか。

いま映像コンテンツを送るというのは、電波だけじゃないのです。当然インターネットもありますし、携帯もある。ケーブルテレビもあるし、デジタルサイネージみたいなものも溢れているわけで、そういうようなところに、もっとコンテンツ、情報を出していくことが必要なのじゃないかと思います。そうすれば、話はもっと広がると思います。今日の話も関西の話といいながら、大阪一極集中なのですね。それが神戸人の私には少し不満なんですけれども、話の枠を放送だけに限っていますと、放送は一日、二十四時間しか枠がないので仕方がないのですが、もっといろんな他のメディアも使うことになれば、神戸のこと、姫路のこと、和歌山のこと、奈良のことも発信していけるようになりますし、我々が今後も基幹局っていうことを名乗っていくのだとすれば、それが責務、義務だと思います。

我々放送は、地域の電波を優先的に与えられて、六十年間もビジネスをしてきたわけですから、いろんな新しい映像メディアが出てくるなかで、持っているノウハウをもっときちっと分け与えていくというか、伝えていく責任が、放送事業者にはあると考えています。

音　ありがとうございます。杉本さんにテレビの未来をお聞きするのはなんか変な感じもしないわけでもないですが、是非。

杉本　そうですね。僕が託されても困る立ち場なんですけれども、皆さんの話をお聞きしての感想になるのですが、放送とは大きくは、二つの道の選択肢に迫られているのかなという感じがします。

先ほどから皆さんのお話を聞いていると、あらゆる形で全てのインフラに接触していきたいという欲求が強くおありです。となりますと、実はそれは放送の域を超えるんですね。放送事業者でいる以上は、全ての人に対してコンタクトすることは、物理的に出来ないと思います。ですから、放送事業者の立場は残し、なおかつ多くの人に接触してもらうマスメディアであり続けたいとなると、楽しいとか面白いっていう要素を追求することは無理なんじゃないかなと思います。

マスメディアであるためには、共通情報の発信機関にならなければならないわけで、様々な人に対して、生きていくために共通している情報をデリバリーすることが必要じゃないのかなと思います。そしてそれとは逆に、面白いとか楽しいということを追求する場合には、これは完全にセグメントされた世界です。嗜好性がありますし、価値観の違いがあります。そうすると、それは数多くのチャンネルが必要となってくるので、より多くの人に届けたい気持ちは持っていていいと思うのですが、基本的には届かないという前提でいないことには、モノづくりが破たんすると思うのです。

面白く楽しい番組を追求することになれば、ものごとを狭く深く掘り下げることが必要になりますね。それに対して前者のマスメディア的なものは広く薄くです。そのどちらかを選ばねばならないところにまで、テレビはきてしまっていると思います。でもおそらくは、その両方をとりたいと思うでしょう。ただ、どちらもとろうとすると必ず破たんすると思います。ですからそれをつきつめて考えていくと、結局のところは、放送事業者は、コンテンツの制作者か、コンテンツの伝道者か、そのどちらでありたいのかを、選ぶ地点に来ているという気がするのです。

ただ、いずれにしても、ウェブが絡んでくることは、必須になってくると思います。でも誤解を恐れずに言えば、放送業者は、二十四時間インターネットサービスのことだけを考えているウェブ事業者には、ウェブのスキルの点では絶対に勝てません。それは僕らが、放送事業に手を出せないのと同じです。僕らは、放送のことを二十四時間考えることは出来ませんから、そこにはいきません。その逆もしかりだということです。

ということで言いますと、放送業者は、二十四時間ウェブのことを考え続けている人たちをいかに巻き込んでいくか、いかに一緒にやっていくか、それを考えた方が実は早いわけです。そういうことを僕は、テレビ局のなかで提案したり、話をするようにしています。

いずれにしましても、二十四時間というものが、すごく多様化してきていますから、そこをどうしていくのかを踏まえて、いまみたいに、広くて浅いものも、狭くて深いものも両方手がけるモノづくりをするのではなく、作るスタンスをキチンと決めなければいけないのではないかと考えています。

二十四時間が多様化してきているということは、結局テレビだけを見る時間、その情報発信だけを見る時間がそれだけ限定されてきているということですので、放送事業が持っていたサービスサイズの可能性は、かなり小さくなりました。ですから、収益性を考える上で、機構そのものを変質させていかなければいけないのです。単純にコストを減らしましょうということではなく、もっと合理化していくことを模索しないと、それこそ他のメディアに、取って代わられる可能性があるという気がします。

音　ありがとうございます。では、お待たせしました、黒田先生。

関西からの発信がもつ多様性

黒田　はい。杉本さんの話をまだしばらく続けてほしいくらい、いまの指摘はいい勉強になりましたけれど、今日の話はやがて本になるんですよね。ですから、そこのところはゆっくり学習しようというところです。私は誰が見ても楽しいテレビをとり戻すためにはどうしたらいいか、むなしくてもいいから、もう一回考えてみたい気がありますが、それは難しいのかなと思って話を伺っていました。まあその辺はちょっとまた勉強させて下さい。

さて先ほど石田さんがいわれた篠山紀信の話は一種象徴的な話だと思います。カメラマンに残ったのは哲学だけ。いまの杉本さんのお話にもつながるんですけど、テレビ界に残っているのはそういう放送なのかなと思いますし、そうだとすると、そのプロに徹底した目や能力に基づいて、いまを切り取る作品を作っていって、それで商売にならなかったら諦めましょうというくらいの信念でやるしかないんじゃないかと思います。経営の問題は別にして、いまもし番組を作る、あるいは放送文化という側面で考えれば、そこに徹するしかないのではないのかな。そのなかで何か面白いことがひょっとしたら生まれる、あるいは見つかるかもしれないと期待するほかないように思います。

そしてもう一つ、地域としての関西からの発信っていうことで言いますと、ここでそれを長々と展開するわけにまいりませんから、私の好きなエピソードをひとつだけ申し上げます。

一九九一年、湾岸戦争の最終段階のときです。ある日フセインの重大発表があるということで、東京の各テレビ局が特別番組をくんで、スタジオに多くの専門家を招きました。フセインの声明は、アメリカに対して徹底的に戦うという声明でしたので、みなさん、これは予想外で大変だということで番組は終わりました。

この時、毎日放送のラジオでも、深夜で特別番組をくんでいました。そのなかで大阪大学の大学院に留学生で来ていたイサムさんという人が、同時通訳をしながら解説をしていて、「あ、この戦争、もうすぐ終わりますね」って言ったんです。で、司会の清水國明さんが、「これからも悪と徹底して闘うっていってるじゃないですか」と聞きますと、「いえあんな言い方しているときは、もう降参ですっていう意味なんです」って説明したのですね。「イスラム社会の言い方はこうなんです」と。そしてその通りになりました。

東京の大メディアが、見当違いのことを言っている時に、細々とやっている毎日放送の深夜ラジオが言っていることが当たっていました。「これなんだな」と、その時思いましたね。政治権力の中枢近くにいても出来ないことが関西で出来る。地元の資本、地元の資源、大阪大学の資源を使って、イスラム圏の、イスラムの人のイスラムのコードを読み解く。

東京にはない眼とか、眼差しを関西が持っていて、世界の問題を、関西の文法で読み取って、提示する。こういう放送の多様性、これが関西の生きる道かなと私は思います。関西には先ほど申し上げたように、大事な放送資源がいっぱいあります。吉本も大事、たこやきも大事、タイガースも大事なんだけれども、他にもいろんな学術機関、文化団体、さまざまあります。そこをちゃんと掘りおこしていくと、東京的に作り上げられた六十年のテレビの歴史とは違うストーリーが、関西に生まれる可能性があると私は考えています。これが最初に申し上げた「スロー放送」の心なんです。

音　ありがとうございました。

　ここまではぎりぎり延ばしてもいいけど、もうだめだという時間に来てしまいました。私の方からまとめを申し上げることはないと思います。

　でも一つだけ、長く放送に関わってもうＯＢになった方を福島まで訪ねてお話をうかがった時に、放送というメディアは、免許制度という制約があるところに意味がある。制約があるからビジネスが大きくなるし、だからこそ、そこを何とか越えようというクリエーターたちが生まれるのだ、という意味のお話をしていただいたのを覚えています。

　それに先ほどの石田さんの話をお聞きしながら、メディアっていうのは正直な話、時代と共にゆれ動くと考えました。石田さんは私の大学の卒業生なんですが、私がいま所属しております新聞学科は、文学部のなかにあります。それというのも、ジャーナリズムというのはふらふらするので、ちゃんと理念を持ちなさい。理念のあるところにいなさいということで、哲学科と一緒の文学部に入れられたのだそうです。

　いまお話をお聞きしながら、理念を片方に掲げ、もう片方で目の前のハードルを越えていくことがひとつの可能性なのかなと感じました。本日はどうもありがとうございました。

　本日までにいただいたアンケート、それから今日のシンポジウム、さらに何人かの方にお願いする論考、テレビの未来につきましては、近く本にまとめる予定にしております。

司会　ありがとうございました。音先生からいまご紹介がありましたし、黒田先生からも少しお話がありましたけれども、本日のシンポジウムは、来春刊行する本のなかに収録する予定になっております。また、本日のシンポジウムの模様は、近く高橋基金のホームページで動画配信する予定です。こちらは杉本さんはなぜうちじゃないのかという疑問をきっといだかれるのだろうなと思います。

本当に今日はいろいろ勉強になりました。ありがとうございました。

それでは改めまして、パネリスト、コーディネーターの方々を、盛大な拍手でお送りしたいと思います。いま一度盛大な拍手をお願いいたします。

登壇者略歴

〈パネリスト〉

石田英司（毎日放送チーフプロデューサー『ちちんぷいぷい』担当）

一九五九年生まれ。上智大学卒業後、毎日放送に入社。放送記者やデスクを歴任。一九九九年『ちちんぷいぷい』の放送開始以来、同番組のニュース解説を担当。二〇〇二年、日本放送作家協会関西支部関西ディレクターズ大賞特別賞を受賞。

黒田　勇（関西大学教授）

一九五一年生まれ。京都大学、同大学院教育学研究科修了後、同大学助手などを経て一九九九年から現職。専門はメディア文化社会学。二〇〇九年から関西大学副学長などもつとめる。著書に『メディアスポーツへの招待』（ミネルヴァ書房）、『送り手のメディアリテラシー』（世界思想社）など。

松本　修（朝日放送『探偵!ナイトスクープ』プロデューサー）

一九四九年生まれ。京都大学法学部卒業後、朝日放送に入社。『霊感ヤマカン第六感』、『ラブアタック!』などを企画、制作。一九八八年『探偵!ナイトスクープ』を立ち上げ、一九九一年、同番組の「全国アホ・バカ分布図の完成編」で民間放送連盟賞最優秀賞、ATP賞グランプリなどを受賞した。

老邑敬子（関西テレビ宣伝部長）

一九五七年生まれ。神戸海星女学院短期大学卒業後、関西テレビに入社。報道部、放送部、国際部、報道業務部などを経て、二〇〇七年から現職。ステーションキャラクター「ハチエモン」を活用したPR展開などを進める。

杉本誠司（ニワンゴ代表取締役社長）

一九六七年生まれ。気象情報会社のウエザーニュースなどを経て、二〇〇三年ドワンゴに入社。モバイル向けのビジネスツールなどの新規事業の立ち上げにかかわった後、動画サイトニコニコの運営指揮にあたる。ドワンゴコーポレート本部広報室長、ニコニコ事業本部アライアンス事業部部長兼企画制作部部長などを経て二〇〇七年から現職。

脇浜紀子（読売テレビアナウンサー）

一九六六年生まれ。神戸大学法学部卒業後、読売テレビに入社。『ズームイン‼朝！』などを担当した後、一九九九年南カリフォルニア大学に留学。コミュニケーションマネジメント修士号を取得。帰国後、在職しながら大阪大学大学院で博士号（国際公共政策）を取得。著書に『テレビ局がつぶれる日』（東洋経済新報社）。

〈コーディネーター〉

音　好宏（上智大学教授）

一九六一年生まれ。上智大学大学院博士課程修了。日本民間放送連盟研究所勤務やコロンビア大学客員研究員などを経て、二〇〇七年より現職。専門はメディア論、情報社会論。日本マス・コミュニケーション学会理事、放送文化基金評議員。著書に『放送メディアの現代的展開』（ニューメディア）、『グローバル・メディア革命』（リベルタ出版）など。

第2部　アンケート「放送の現状と未来」

「高橋信三基金」設立二十周年の記念行事をスタートさせるにあたり、有識者やメディア出身の研究者、さらには番組制作に携わっている方々にアンケートを実施し、放送の現状と未来、その可能性についてのご意見をうかがった。

このアンケートを実施した背景には、インターネットの発達と普及などで放送をとりまく環境が大きく揺らぐなか、テレビの立ち位置やレゾンデートルにどんな変化が生じているのか、ジャーナリズムと文化の担い手であるべきテレビが、今後とも視聴者の信頼をつなぎとめていくには何が必要か、テレビにどんな将来像が描けるかを調べる意図があった。そしてもう一点、このアンケートには、現在の関西の放送のありようへの識者の意見をうかがう狙いもあった。

関西発番組のありようは、高橋信三氏が活躍していたころと比べて、大きく変化している。当時、関西の放送はまだ元気で、東京とはやや色彩を異にする関西発の番組が存在感を示し、日本の放送文化の多様性を形成するのに一役買っているところもあった。しかしその後、放送界にも東京一極集中の波がおしよせ、いまや関西制作の番組はタイムテーブルの片隅に追いやられ、目立たぬ存在になっている感がある。

アンケートはこうした点について、多くの識者の意見を聞きたいと考えて実施した。ご協力いただいた方々には、深い感謝の念を表するとともに、このアンケートが現役の放送人に、今後何らかの形で役立つことを願っている。

なおこの回答の一部は、シンポジウムのなかでも紹介し、話題の展開に活用させていただいた。また平成二十四年八月の締切りで行ったアンケートのため、その時点での回答になっている。

高論卓説～32人の声～

日本における「放送」の今後

中馬清福（信濃毎日新聞主筆）

最初に二つのことをお断りしておきたい。

第一に、字数制約の関係で以下、「放送」は映像を伴う放送＝「放映」に限定する。第二に、この「提言」は、制作にあたって重要な位置を占めるであろう「スポンサー」との関係について、一切考慮されていない。

情報に対する関心の高まり、放送技術の向上とコンテンツの充実などにより、このところ放送の可能性は大いに拡大されつつある。にもかかわらず、放送界は放送が持つ特質を生かし切れておらず、むしろ飛躍の方向を自ら狭めているのではないか――斜陽の色濃い新聞界の人間が何をと冷笑されそうだが、私は歯がゆい思いでそう考えている。

放送に出来て新聞に出来ないこと、それは動く映像・言葉・活字の同時発信だ。新聞人として、このことを初めて痛感したのは中国・天安門事件だった。その重要性を改めて教えたのが今回の「三・一一」である。放送の特性を自覚し、それを活かす覚悟と準備があったなら、特に福島原発事故報道は、新時代を画するものになったかもしれない。

そのためにも、放送界はおのれの情報観、ニュース観を一新する必要があるのではないか。二つの例を挙げて考えてみたい。

①政治報道を革新する

政治への視線が変わってきた。映像による政治報道をつまらなくしてきたのは、閣議の冒頭を映す、派閥ボスに伺う、素人に放言させる、国会中継を垂れ流しで済ませる、など受け身の作業に止まっていたから。政治は絵にならぬとする先入観から脱し、「見えぬ」政治を「見せる」工夫を。比重を「永田町や原子力村から草の根へ」移すときだ。

②タブーを壊す

映像の衝撃度、これもまた新聞人が羨望してやまない放送の強みである。ところが世間の〝良識〟を恐れてか、放送界はこの強みを十分に発揮しているとはいえない。

二〇一一年九月、国際新聞編集者協会（ＩＰＩ）の年次大会で衝撃的な映像を観た。

英国のある福祉施設らしい。突然、男が部屋に入ってきて激しい暴力を振るいだした。逃げ惑う老人たち。誰も止めない。なぜならこの男が介護職員だからだ。

衝撃的な映像を流しながら壇上で語るのは英国ＢＢＣ会長マーク・トンプソン氏。「私たちはある介護施設で虐待が起きていることを知り、介護補助者に仕立てた若者を現場に送り込んだ」。施設の責任者、暴力男、さらに被害者からさえ事前の了解も得ずに、である。このことをトンプソン氏ははっきりと認めた上で述べた。「この小さなルール違反は（これを放映することで得られる）公共の利益によって正当化される。これがＢＢＣ編集責任者の結論だった」。

盗聴盗撮が許される条件とは何か。難しい問題だが、その尺度として「公共の利益」の比重が増していることだけはいえる。その先鞭を「放送」がつけたことに感動を覚えた。

朝日新聞二〇一二年八月十五日付夕刊によると、米紙ニューヨーク・タイムズは同十四日、マーク・トンプソン氏が同社の最高経営責任者（ＣＥＯ）に就任すると発表した。デジタル戦略に精通した同氏を招き経営の立て直しをめざす、と朝日新聞は書いているが、トンプソン氏は「テレビでできることがなぜ新聞でできないのか」という視点で臨むのではないか、と私は期待している。

1935年生まれ。東京都立大学人文学部卒。朝日新聞社に入社。主に政治畑で働き、論説主幹、大阪本社代表、専務・編集担当などを歴任。2005年から信濃毎日新聞主筆。著書に『新聞は生き残れるか』『日本の基本問題を考えてみよう』『考』Ⅰ・Ⅱ・Ⅲなど。

横並び打破に希望を託したい

藤田博司（共同通信社社友）

二〇一二年夏は日本中が猛暑にうだった。それに輪をかけて暑苦しく、耐え難く思われたのが、テレビや新聞の五輪報道だった。テレビは、深夜から早朝にいたるまで、四六時中五輪中継を流した。新聞も、スポーツ面は言わずもがな、一面から社会面まで五輪の記事であふれ、全部の新聞がスポーツ新聞化した。メディアの総五輪狂騒状態とでもいうべき様相だった。

テレビ中継は現場のアナが、芸能番組の司会者よろしく、はしゃぎまわり、「メダル・ラッシュ」に自分で勝手に酔いしれていた。入賞した選手には「今のお気持ちは」と愚にもつかない質問を繰り返し、「支援してくれた人たちに感謝」「(日本に)元気と感動を与えられてよかった」などとお決まりの感想を引き出して満足げだった。見る側は興ざめするばかり。新聞も似たり寄ったり。選手たちのこれまでの努力の積み重ねを「感動物語」に仕立て上げて、わが事成れり、といった趣だった。七月下旬から三週間近く、連日、そんなテレビや新聞を見聞きさせられ、読まされて、五輪報道は終わった。うんざり、げんなりの夏。

五輪報道のすべてがダメ、というのではない。五輪のような特大イベントの報道になると、テレビも新聞もえてして、全部が揃いも揃って同じ趣向、同じ内容の放送、報道を横並びで繰り返しがちになることが問題ではないか、と言いたいのである。五輪が大きな国民的関心事であることは確かだとしても、それぞれのテレビ局、新聞社として、もっと工夫して独自色を打ち出した放送、報道ができないのか、と思わざるを得ないのである。

五輪期間中、日本では政治の混乱が続き、福島原発事故の収拾も震災被災地の復旧、復興も進まなかった。五輪でのメダルの数にもましてメディアが伝えなければならないニュースはいっぱいあった。それらのニュースの報道を後回しにして（実際には報道せずに）、メダルの数合わせではしゃいでいるいとまは、テレビにも新聞にもなかったはずなのである。せめて一つのキー局でも、一つの新聞でも、五輪報道を脇において、より重要なニュースを伝える硬派ぶりを見せてくれるところはないか、と期待したが、かなわなかった。

横並びが安全、と心得る体質が東京のジャーナリズムには抜きがたく染みついている。

多少とも期待できる可能性が残っているとすれば、東京ジャーナリズムの横並び体質に毒されていない（と思いたい）関西のジャーナリズムではないか。権威や権力にこびへつらうことなく、仲間うちとつるむことで満足しない、そんな関西ジャーナリズムに、いまの暑苦しいメディア横並び状況打破への希望を託したい。東京のメディアがやりたがらないことを、さりげなく涼しい顔でやってのけられないか。関西ジャーナリズムの心意気を見たいものである。

1937年生まれ。東京外国語大学卒、東京大学新聞研究所修了。共同通信に入社。サイゴン特派員、ニューヨーク支局長、ワシントン支局長、論説副委員長などを経て、上智大学教授、早稲田大学客員教授（2008年まで）。現在朝日新聞・報道と人権委員会委員。著書に『アメリカのジャーナリズム』など。

作品力の向上を

後藤正治（ノンフィクション作家）

ここ何年か、「地方の時代」映像祭やテレビ・ラジオの日本民間放送連盟賞（近畿地区／報道部門）の番組審査の任を引き受けさせてもらってきた。そんな体験を踏まえつつ、放送への提言を記してみたい。

気がかりなことから記せば、全体として、報道・ドキュメンタリー部門が少々元気を失いつつあるように思えることだ。予算の削減、下請け化の進行、職人的ディレクターのリタイアなど、さまざまな要因があるのだろう。

ネット社会の浸透、不況の慢性化、若年層の活字や放送離れ……。放送、新聞、出版にまたがりジャーナリズムに試練が続いている。私が棲んできたのは出版界であるが、近年、有力雑誌の休刊が相次ぎ、書籍の刷り部数は減少し、業界としての厳しさを肌身に染みて感じてきた。おそらく放送界も似たような状況にあるのだろう。

いろいろと嘆き節を羅列することはできるが、言いたいことは別にある。私たちはこのような「外部環境」で事態を説明し過ぎてきたのではないか。その間に、肝心のジャーナリズムとしての力を向上させる努力を怠ってきたのではなかろうか、と。

私たちのできることは、結局、現場に身を置いてよりよい作品をつくることしかない。その作品力がまた、困難な環境を改善する力になると信じてやるしかないのである。

審査委員の仕事をしていると、まだまだ志ある放送人の仕事に接して励ましをもらう気持になる。それを楽しみにやってきたともいえる。

近年、思い浮かぶなかで印象深い作品をあげれば、トヨタの若い社員の過労死とその認定問題をとりあげた作品（毎日放送）、ＪＲ脱線事故で両足を失った大学生の新しい出発を追った作品（読売テレビ）、下請け作業員の肉声を収録して福島原発の現況に迫った作品（毎日放送ラジオ）などが浮かぶ。いずれも制作にはさまざまな困難があったであろうと推測しうる素材であるが、志ある仕事の具体例を見た思いで感銘を受けた。

今後もジャーナリズムに困難な状況が続いていくだろう。けれどもいつの時代も困難はある。それを突破するのは個々の作品力であると私は思う。そのことを信じて、今日、種を撒き、それを明日のために育てていってもらいたいと願う。

1946年生まれ。京都大学農学部卒。『リターン・マッチ』で大宅壮一ノンフィクション賞、『清冽』で桑原武夫学芸賞受賞。近著に『奇蹟の画家』など。『後藤正治ノンフィクション集』(全10巻)を刊行中。

情報への「欲深さ」に応える放送

浜田純一(東京大学総長)

私が放送の研究を始めたのは大学院の修士の時代だから、放送についてはもう40年くらい研究者として付き合いを続けていることになる。そうした経験からすると、放送の世界は思いの外大きくは変わらなかったなぁという印象を持っている。これは私が、放送の制度論を中心に研究してきたからかもしれない。放送の現場や技術、演出、映像などはたしかに大きく変わった。何より多チャンネル化、またデジタル化、放送と通信の融合などは、私が研究を始めた当初と比べると信じられないほどの変化である。それでも私自身の感覚としては放送がさほど大きく変わった印象がないのは、おそらく放送の「ある部分」が人間の本質の琴線に触れているところがあるからではないかと思う。その琴線の正体を言葉にすることは難しいが、人間の情報ニーズのいわば「欲深さ」に関係しているのかもしれない。つまり、早く知りたい、「絵」で知りたい、あれもこれも知りたい、知識とともに感覚で味わいたい、楽しみたい、悲しみに共感したい、くつろぎたい、とにかく音が出ていてほしい、そうした「欲深さ」が、放送の変わらぬ部分を支え続けているし、これからも支え続けるのだろうと思う。

放送の特質をあぶり出してくれたのは、いまや死語に近くなったと思えるような言葉を使えば、

「ニューメディア」である。ニューメディアのおかげで、放送が出来ることと出来ないことが明らかになった。一時は、ニューメディアによって放送が駆逐されるかのような議論もあった。もちろん、放送は繰り返し新しい挑戦を迫られてきた。しかし、人間の情報に対する「欲深さ」は、メディアの多様な発展を軽く飲み込んでしまうほど凄まじいものであったように感じる。人間はたしかに、インターネットを使ってさまざまな情報アクセスが能動的に出来るようになった。そこでは新しい情報と情報活用のスタイルが生み出され、ある部分は放送にとって代わった。しかし、放送は結局、消えていない。

もちろん、放送という概念そのものが変容していくかもしれないと思わないでもない。たとえば、私もよくやる録画による番組の時間差視聴の増大は、同時性を基本とする従来の放送の本質にかかわる部分もあると思う。しかし、そうした利用形態の多様化は、放送を弱体化させるよりは、むしろ強めるものであるという気がしてならない。また、インターネットに代表されるようにリクエスト・ベースで情報を受容する形は増えていくだろうが、そこには便利さの反面で煩わしさも感じるのが人間の本質であるだろう。

私は兵庫県の出身である。関西と関西弁が大好きである。関西弁がもっている（と私が思う）デジタルではない無定型な情報感覚が大好きである。こうした感覚はひょっとして、放送が人びとの間で生き続けてきた理由に通じるところがあるかもしれない。断片化された情報が氾濫する中で、情報への尽きることのない「欲深さ」に総合的に応えられるような放送の変わらぬ部分を担っていくのは、関西の文化かもしれない、とさえ私は思う。

1950年生まれ。東京大学法学部を卒業後、大学院法学政治学研究科で法学博士号取得。専門は情報法・情報政策。東京大学新聞研究所、社会情報研究所、大学院情報学環で勤務し、現在、東京大学総長、日本マス・コミュニケーション学会会長。

市長経験者から見えるメディアの劣化

平松邦夫（前大阪市長）

本稿を書かせていただくことができるのも、平成十九年から四年間大阪市長であったということに尽きると思う。現役アナウンサー時代に『MBSナウ』のキャスターを十九年近く担当、取材する側、される側の両面を経験した元放送人として、何を感じたかもこの機会に述べよということでもあろうが、それには字数が限られている。

ひと言でいうなら、「メディアの劣化」が想像以上に進んでいることを実感した四年間だったということか。

民間放送の歴史は、大本営発表しか流せなかった戦時中の新聞、放送の歴史を踏まえ、平和と民主主義の守護を背骨に持ち、自由な発想による娯楽を庶民、大衆に提供しながら、地域社会や文化の発展に寄与することを目的に積み重ねられたと思う。

「公務員の腐敗体質」については、マスメディアにより「役所の常識は世間の非常識」といわれる部分をあぶりだした。しかし、嵩にかかって叩きにいく、いわゆるバッシング報道に見られる傾向は、例えば「行政は誰のためにあるのか」という根源的な問いに対して答えようとしているだろうか。

高度経済成長時代のさなかに社員であった私は、花形といわれるメディアの中で、その恩恵も十分に受けた。それは多くの退職放送人が感じているのではないか。小泉劇場といわれたあの時代に、私も「面白い」と思って国会中継を見ていたことは紛れもない事実。一方でその間になされた様々な「改革」が格差拡大という現状に勢いをつけたのも事実であろう。

バブル崩壊、リーマンショック、震災・津波・原発事故を経験した日本が、相も変わらず新自由主義、グローバル経済の渦に翻弄される今、真の価値観とは何かを問い、それに向けての啓蒙を果たすメディアたり得ているだろうか。

憲法改正論議が盛んにいわれている。しかし、日本国憲法に流れる「基本的人権」の尊重という姿勢までもが「改正」の対象になるのだろうか。市職員を対象にしたアンケート調査を巡っては、大阪府労働委員会の勧告を受けて、アンケート自体を破棄するまで、主要なメディアでそうした指摘がなされたであろうか。教育問題、職員の政治活動規制問題。根源的なものをスルーしていないだろうか。

あえて橋下大阪市長の名前を上げる。彼はメディア素材としては面白い。普通の弁護士や普通の政治家が「言えない」ことを端的に声高に言い放つ。放送時間に追われる記者にとって、「便利」な存在である。立ち止まって考える隙を与えず、様々なテーマを乱発する。そして、発言の中身を検証せずにそのまま放送され、スタジオの芸人さんたちが頷く。メディアが利用される存在に落とされてはいないか。

「つねに庶民大衆の立場にあって、大衆の味方でなければならない。（中略）批判力や判断力が高まるような資料を豊富に提供する点に社会的使命をもっている」（昭和四七年一月八日毎日新聞夕刊、『高橋信三の放送論』36頁）。

１９４８年生まれ。同志社大学卒。アナウンサーとして毎日放送に入社。『ＭＢＳナウ』初代キャスター、ニューヨーク支局長、役員室長などを歴任。退社後、第18代大阪市長。共著に『おせっかい教育論』など。

「報道の責任」と「文化創造の役割」

堀井良殷（関西・大阪二十一世紀協会理事長）

考えてみれば、かつて当時東大新聞研究所所長だった千葉雄次郎さんの講義「報道の倫理」を聞いたのが、私にとってジャーナリズムへの道を歩む原点になったと思う。現場にいた時も絶えず思い返したものだった。ところが、放送におけるジャーナリズムの在り方について、昨今の放送の現状をみるにつけ、果たしてその役割を十全に果たしているか疑問に思わざるを得ない。

健全な民主主義のためには健全なジャーナリズムが機能していることが前提にあることは論をまたない。健全な地域の発展のためにも健全な地域ジャーナリズムの存在が不可欠であることもまた同様である。そのため報道には厳しい自己修練と倫理観が不可欠である。しかし現状は報道番組と娯楽番組の境界が判然とせず時事問題が娯楽的要素を含んでワイドショーという形で盛んに放送されている。ために視聴者はタレントの発言も報道の一環として受け止め、投票行動に反映させることも多い。こうして深い議論もないままワンフレーズポリティックス、劇場型政治が進行し、政治家もそれを意識するようになり、ポピュリズムの傾向を呈する。報道の送り手側も、難しく経費のかかる調査報道よりも、手軽に市民に受けるタレント頼みの番組編成に流れ易く、時に「一犬影に吼ゆれば百犬声に吼ゆる」がごとき観を呈する。果たしてこれは健全なジャーナリズムの姿であろうか。

公共の電波を使用する放送局には日本の国の健全な発展に寄与するべき義務と責任がある。何者にも干渉されない報道の自由を掲げ、歴史的にも評価されるジャーナリズムであり続けるためには、なおさら厳しい倫理観が必要であるといえる。骨格のしっかりした放送ジャーナリズムのルネッサンスが地域放送局から発信されることを願うものである。

もう一点、文化の担い手としての放送の役割について述べたい。文化の範囲と定義については幅広い多様な解釈があるものの、生活に楽しさと潤いをもたらす点において放送は大きな効用を発揮していることは間違いない。また単に放送番組を見せるだけではなく視聴者参加や公開収録などで人々に文化創造活動に参加の機会をつくっているのも重要な役割である。さらにひろく地域社会や一般市民の創造活動にかかわり、地域の活力醸成に先導的役割を果たしていることも見逃せない。中央集権化する番組編成や衛星放送では果たしえない地域文化の創造という重要命題が地域に根差す放送局に求められていることを強調したい。

通信と放送の融合など技術の進歩は速度を速めて進展してゆくとしても、以上に述べたジャーナリズムの役割と文化創造者の役割は、他をもって代えがたい社会を健全たらしめる重要な要素であり、これに携わる放送関係者の今後の活躍に期待するところ大である。

１９３６年生まれ。東京大学教育学部卒。ＮＨＫに入り、『日本の素顔』『新日本紀行』『ＮＨＫ特集』などを担当。イタリア賞コンクールグランプリ、芸術祭優秀賞、日本新聞協会賞などを受賞。ニューヨーク特派員、大阪放送局長、理事・営業総局長、放送大学理事などを経て、２００１年より現職。著書に『公枝』『なにわ大阪興亡記』など。

ポスト三・一一の関西メディアに期待する

市村　元（「地方の時代」映像祭プロデューサー）

三・一一以降、日本社会は、あるいは日本人は、多くのことに気づかされたはずである。大津波、そして原発事故。それらは決して想定外という言葉で片付けられる問題ではなかった。だが、そのことを深く見つめることなく、大災害は起きた。目前にあるのは今も進行中の「被災」「被害」の現実である。

私は福島で七年余り暮らした。現在は大阪で、「地方の時代」映像祭に携わらせていただいている。今年、「地方の時代」映像祭は、「ともに生きる！地域の未来」というサブテーマを掲げた。「ともに生きる」とは、言葉の上で「絆」を叫ぶことではなく、人々が「ともに責任を分かち合う」こと、とりわけ社会を維持していく上で生じる「リスクを分かち合う」ことであろう。

三・一一で問い直されたものは数多くある。その中でも最も大きなものは「中央集権的効率主義国家」「経済合理主義社会」のあり方ではないかと思う。日本社会全体の産業構造を大都市中心に作り替え、大量生産、大量消費、そのためのエネルギー消費、そうしたことでGDPを引き上げ、それを「成長」と誇ってきた日本。そうした社会の仕組みこそが綻びたのではないか。

見せかけの平和と繁栄の中で、エネルギーを貪ってきた日本社会は本来背負うべき「リスクの分担」をどこまでしてきただろうか。オキナワ、フクシマに象徴される不平等の構造は、いたる所にあるのではないか。

例えば「効率の悪い道路はもう作らない」と言う。確かに地方と東京を結ぶ道路は有り余るほどある。現代日本の「物流」を支える経済のための道路だ。その一方で、地方と地方を結ぶ生活のための「道」は、荒れ果てたままである。

原発の再稼働許容をめぐって、福井の立地自治体には、全国から抗議と非難の声が届いていると いう。しかし、過疎に悩んでいた地区が原発と共に生きる道を選んだのは、何も自らの責任ではなく、大都会中心の経済構造と人々の生き方が、そうした現実を生んできたのである。福島で故郷に帰ることができない二十万超の人々。その物語は決して「かわいそうな人たち」の物語ではなく、大都会に生きるわれわれ自身の物語なのだ。

さて、関西、そして大阪におけるメディア、ジャーナリズム、放送の果たすべき役割、機能は、こうした状況の中でどのように位置づけられるだろうか。

朝日・毎日という二大紙を生み、民間放送の開始を先駆けた関西のジャーナリズムは、国家と一定の距離を保ちながら「中央の視点」とは異なる問題提起を行ってきた伝統がある。その一方で、関西という大消費地、大経済圏として、市場原理主義の真っただ中にもある。

だが、そうした二面性があるからこそ、見える世界も広いのではないか。日本社会のあり方が行き詰っている今だからこそ、関西メディアに期待されることは多い。少なくとも多くの「地域」「地方」が関西に期待している。

１９４２年生まれ。東京大学文学部卒。東京放送に入社し、社会部、外信部、パリ支局長、『ニュース23』『報道特集』担当プロデューサー、報道局専任局長、解説室長などを経て、２００２年からテレビユー福島常務取締役報道制作局長。２００９年から関西大学客員教授。

上方笑芸ファンのぼやき

石毛直道（国立民族学博物館名誉教授）

わたしは上方笑芸のファンである。毎朝、新聞をひろげると、まず、テレビとラジオの番組欄に目をとおし、落語、漫才の番組をみつけると、録画、録音の予約をすることが、二十年間続いている。晩に、寝床のなかで、お笑い番組のビデオやＣＤのコレクションを見たり、テープを聞いて、眠りにつくのが、わたしの日課である。

いまでも、上方のお笑いタレントの出演する番組は、いくらでもある。しかし、それらはクイズ番組やワイドショーへの出演ばかりである。余芸ではなく、本芸の落語や漫才を収録した番組はほとんどない。寄席や劇場でおこなう本芸が放送される番組は、年末年始にかぎられている。かつては、休日には、関西のどの局でも、落語、漫才番組をながしていたのだが。

「今日もお笑い番組なしか！」と、新聞を放りだす日々が、十年以上続いている。

放送がＮＨＫ一局にかぎられていた頃、ラジオで放送されるのは、東京の落語、漫才ばかりであった。

民間放送がはじまると、関西の民放が上方芸能の番組を制作するようになった。そのことによって、関西人も上方の笑芸のおもしろさにあらためて目覚め、やがて全国区の芸として評価されるようになったのである。

滅亡寸前だった上方落語は、関西の民放にとりあげられることによって復活し、全国にファンをひろげた。また、一九八〇年代の全国的な上方漫才ブームに、関西のテレビのはたした役割はおおきい。

笑芸も文化である。かつての関西の民放は、上方発のお笑いを武器に、関西の文化を発信したようである。

現在の民放は、地域文化の多様性を発信することがすくなくなり、東京一極集中の方向への傾斜がいちじるしい。関西のお笑い芸人も、キャラクターのおもしろさだけを買われて、本芸とはかかわりなしの使い捨てのタレントとして、東京制作の番組に登場するだけである。その視聴者対象は、若者たちにしぼられている。

だが、わたしのように、大人の芸に接したい者もいることを忘れないでほしい。関西発の落語、漫才の番組がふえることは、大げさにいえば、上方文化の振興につながることである。

とは、上方笑芸ファンのくりごとである。


1937年生まれ。京都大学文学部卒。甲南大学助教授、国立民族学博物館教授を経て同博物館館長を歴任。農学博士。著書に『魚醤とナレズシの研究』『食卓文明論』など多数。一昨年より『石毛直道自選著作集』（全12巻、ドメス出版）刊行中。

毎日放送ラジオこそ、希望の星である

石井　彰（放送作家）

二〇一二年、文化庁芸術祭ラジオ部門大賞とギャラクシー賞ラジオ部門大賞をW受賞した毎日放送『鉄になる日～小松左京著「日本アパッチ族」より』は歴史に残るラジオドラマだ。二〇一一年急逝した小松左京のSF長編小説を換骨奪胎し、聴き応えのある物語に仕上げた脚色・演出は

素晴らしい。また自衛隊と鉄人間との戦闘場面や、人間が鉄を食べる音などは、創意工夫の精神にあふれる若い音効マンたちの努力の結晶だった。

それもそのはず、かつて新日本放送（現在の毎日放送）には、「ラジオの神様」と呼ばれた音響演出家の和田精さん（イラストレーター和田誠さんの父）がいたからだ。もちろん若い音効マンたちが、和田さんの教えを直接受けたわけではない（和田さんは一九七〇年に急死）。だが今も毎日放送には和田さんの「音作りの精神」が脈々と引き継がれていることを、『鉄になる日』の音の重厚さと醍醐味が証明している。

また毎日放送ではラジオドラマだけでなく、ラジオドキュメンタリーでも目覚しい成果をあげ続けてきた。二〇〇七年ギャラクシー賞ラジオ部門大賞を受賞した『「特集1179」～談合・その根深さを探る』、二〇〇九年に日本放送文化大賞グランプリを受賞した『おれは闘う老人（じじい）となる～93歳元兵士の証言』。そして二〇一二年日本民間放送連盟賞ラジオ報道優秀賞に輝いた『作業員が語る福島第一原発』などは、隠された社会の病巣を鋭く描き出して高い評価を受けている。

もちろんこうしたドキュメンタリー番組は一朝一夕で作れるものではない。いまはなくなってしまった毎日放送ラジオ報道部（現在のラジオ報道セクション）が、必死にレギュラーで制作してきた報道番組で出会った「たね」が、丁寧な取材と大胆な構成力によって実を結び、「花」を咲かせたものである。

民放ラジオの低迷が続く中、毎日放送ラジオのこれらの成果とその影響は、関西だけにとどまらず日本のラジオにとってもまさに希望の星となっている。

特に東日本大震災後にメディア不信が高まる中、東京電力福島第一原発事故を積極的に取り上げて報道し続けてきた『たね蒔きジャーナル』は、関西圏だけでなく、WEBラジオで耳を傾ける全国そして海外の人々から、信頼され必要不可欠のラジオ番組として愛されていたことも特筆しておきたい。同番組の打ち切りは残念でならない。

1955年生まれ。TBSラジオ『永六輔の誰かとどこかで』を演出。多くのラジオ・テレビドキュメンタリー番組を構成。文化放送『魂の46サンチ砲』で民放連賞ラジオ報道最優秀賞など受賞多数。

信頼のできる情報

伊藤芳明（毎日新聞常務取締役東京本社代表）

もう十年近く前になるが、森本毅郎さんの朝のTBSラジオで、約三年間コメンテーターをさせていただいたことがある。週に一度、一時間ほどだが、日ごろの新聞記者生活では味わえない緊張と高揚感を楽しんだ。

驚いたのは番組が終わる頃には、すでにその朝の発言に対する批判が寄せられていたことだ。新聞社でも記事についての抗議や賞賛など様々な反応が読者から寄せられる。編集局長をしていたときには、毎日、机の上に積まれる綴りをチェックし、対処するのが仕事の一つだった。寄せられる反応は、大半が会社あてか社会部など組織あてで、記者個人にあてたものはそれほど多くない。しかしラジオでは、出演者を名指ししたものが大半だった。スピード感とリスナーとの距離の近さは、新聞にはない新鮮な驚きだった。

これは活字と放送の媒体の違いから必然的に生まれるものだろう。日本の新聞も最近は記事に署名を入れる社が増えてきた。毎日新聞は一九七六年に、名前と所属を明らかにして記者個人の主張を前面に出すコラム「記者の目」をスタートさせた。九六年からは、情報源に迷惑がかかる場合などを除き、原則として記事に署名を入れ、責任の所在を明らかにするように努めてきた。

しかし考えてみれば、放送はずっと以前から、ある意味で原則署名化の世界だったと言える。テレビは基本的に顔と名前を明らかにしてしゃべる。ラジオでも声と名前は明らかにせざるを得ない。視聴者やリスナーは、名前はおろか顔や声まで伴った生身の個人が発するものとして情報を受け取る。情報と発信者がより具体的に像を結んでいるのだ。活字媒体との大きな違いがここにある。

ネット社会が進化して我々が日々接する情報は飛躍的に増えた。情報の洪水の中で情報に押し流されている不安に襲われるのは、私だけではないだろう。ネットの匿名性の陰に隠れた無責任な、時に悪意のある情報が氾濫し、どれが信頼できる情報か、見極める作業が必要になる。その時、声や顔を伴った個人として発信者が明らかになっていることは、情報の信頼性を担保する支えとなり得る。

新聞や放送の歩んできた道は、読者や視聴者の信頼を獲得する歴史といって良い。情報が社会に氾濫すればするほど、信頼できる情報、発信者を具体的に確認できる情報は貴重である。ネット情報が氾濫する時代だからこそ、自らの素性を明らかにしたうえで責任ある情報発信する媒体としての放送の存在は、ますます重要性を増すと思っている。

１９５０年生まれ。東京大学文学部卒。毎日新聞に入社し、大阪社会部からカイロ、ジュネーブ、ワシントン特派員のあと、大阪本社、東京本社編集局長、大阪本社代表を経て現職。著書に『ボスニアで起きたこと』など。

「文字」への回帰

加藤秀俊（社会学者）

毎日放送社長の高橋信三さんも、ライバル会社の朝日放送社長原清さんも、それぞれ毎日新聞、朝日新聞の出身であった。新聞という伝統的マス・メディアが「民放」の発足にあわせて、文字媒体と視聴覚媒体の連携に時をおなじくして興味をしめしたということになる。おふたりとも、お目にかかっただけで「新聞記者」という風格がただよっていて、つねに時事を論じ、世相を鋭い目で観察なさっていた。わたしはこれら初期の民放局とかかわりながら、「放送」というのは「新聞」の「音声版」であり、活字文化の延長線上にあるものだ、と理解していた。なにしろラジオは事件がおきたら、すぐに報道できる。新聞はいくら早くても入稿から活字になるまですくなくとも数時間はかかる。まずラジオで「速報」を流してから詳報と解説を新聞が追っかければいい。高橋さんも原さんもそんなことを口にされていた。

時間が流れ、やがてテレビ時代がやってきた。しかし期待と希望で待たれていたこのテレビというメディアは、さいしょから評判がわるかった。アメリカのFCC委員長ジョン・ミノウが有名な『テレビは一望の荒野か』という報告書を連邦議会に提出したのは、テレビ普及の初期段階のことであった。それからほぼ半世紀が経過し、ミノウの予見と警鐘はみごとに的中して、いまテレビは日本だけでなく全世界的に「荒野」どころか「砂漠」になった。文明史的にいって、まったく不毛な荒涼たる時空間をテレビはつくった。その不気味な砂漠を跳梁跋扈するのは「タレント」という名のえたいの知れない人間たち。かれらが空虚な音声と身ぶり手ぶりで飛んだり跳ねたり、食べたり飲んだり、なにがなんやらわからない。要するにナンセンスの世界である。虚そのものである。もう、ここまで堕ちたら、堕ちようがないところまでテレビは堕ちた。

べつなことばでいえば放送業は「虚業」の見本なのである。かつて放送はみずからを「言論機関」だと自覚し、すくなくともそうあることを目標としていた。それが堕ちた。もはや放送に「言論」を期待する「視聴者」などいない。いや、放送業者そのものが「言論」なんかすっかり忘れている。「番組」という名の「商品」は下請け、孫請けのプロダクションに丸投げして、「視聴率」という「数字」を稼ぐことが放送業者の「しごと」になった。

そんな見解をもっているわたしにとっては、輝かしい「放送の未来」のごときものは「無い」としかいいようがない。新聞には、まだいささかの「社会の木鐸」という自負心がのこっていて「社説」があるが、放送業には「社説」がない。放送局の「論説主幹」が局の主張をのべたことなんか、みたこともきいたこともない。ときに天下国家を論じているかのごとき番組もあるが、出演者はもちろん、企画段階から外注なのだから、あれは「局論」とはいえないだろう。

そうかんがえてくると、「放送の未来」はさらにかぎりなく虚業に徹してゆく以外ないとしかいいようがない。いまのテレビを幼稚園のおアソビと評するひとがいるが、幼稚園児だって、あんなバカなことでよろこぶものか。だれもよろこんではいないのである。いや、だれも本気で見てはいないのである。ただスイッチがはいっているから、「数字」だけは虚空のなかで成立する。その「数字」が商売の指標である。そんな世界にわれわれは住んでおり、この状態は半永久的につづく、とわたしは見ている。ネット配信、オンデマンド方式、その他いろんな新発明もでてきているが、タダで流れてくるテレビは貧者にとっての文化的空気のようなもの。「虚」ではあっても、いや「虚」であるがゆえに、その存在は永遠なのである。

では、どうなるのか。わたしは結局のところ言語世界、とりわけ「文字世界」への回帰以外に、われわれの情報生活の未来はありえないだろう、とおもっている。要するに新聞雑誌を「読む」ことである。それ以外に世間のうごきを知る手だてはない。

といってもべつだん「新聞」を配達してもらったり、買ったりしないでもよろしい。ネットで主要ニュースを「読む」ことができるからである。わたしは日本のいわゆる五大紙はもとより「西日本新聞」などのブロック紙、「河北新報」「秋田魁」

「京都新聞」など地方紙も読む。ニューヨーク・タイムズからストレイト・タイムズにいたるまで、海外の新聞もネットで読む。おかげさまで世界のうごきは手にとるようによくわかる。

皮肉なことに世界の主要放送局は「局紙」ともいうべき新聞版を公開しているから、BBCもCNNも、さらにアルジャジーラまで「読む」。NHKもNHKオンラインで「読む」。まことにありがたい。忘れてはならないほど重要な情報は書物につまっている。結局、メディアは「文字」に帰するのである。

こういう時代、放送に与えられている社会的責務は、ちゃんとした日本語で文章の書ける「放送記者」「放送作家」そして、その書かれた原稿をわかりやすい音節、ただしい発音、アクセントで「読む」能力をもったアナウンサーや「読み手」を養成し確保しておくことだろう。それがなくなったら、つまり日本語が壊滅したら、放送だけでなく、日本の文化と文明は崩壊する。いい日本語の保全。放送の未来の任務はそれに尽きる、とわたしはかんがえている。放送は新聞に発し、新聞にもどるべく運命づけられているのである。

1930年生まれ。一橋大学卒。文明論、メディア論、大衆文化論などに独自の世界を開く。1967年には梅棹忠夫、小松左京などとともに未来学研究会を結成。京都大学助教授、学習院大学教授、放送大学教授などを歴任。著書に『テレビ時代』『見世物からテレビへ』『日常性の社会学』『加藤秀俊著作集』(全12巻)など。

偏って伝わる関西像

河内厚郎(演劇評論家)

日本人は平均三時間半テレビを見るというが、主流となったお笑いやバラエティの人気は実は決して高くない。ゴールデンタイムにやっているから、とにかくつけているといった按配。今やテレビは一人一台。常に身近にあって画面に向かってすら「空気を読めよ」と文句をつける時代、テレビが伝えるのは本格のモノガタリなどではないのかもしれないが、それでも古典芸能の世界に生きる若者や数奇な運命をたどった芸術作品などを一つのライフヒストリーとして紹介できるのがテレビの強みだ。歴史（ヒストリー）を物語（ストーリー）として見せられるから大学の授業等にも有効な教材となりうる。たとえば、戦争の実体験者は減っていくのに、多チャンネル化で新資料や証言を生かした戦争関連番組はふえ内容も充実してきている（司馬遼太郎しか読まないプロデューサーが歴史番組を作りたがるのは困るが）。過去の映像が蓄積されていく強みもある。

テレビの台頭により新聞の効用が即時性から物語性のある解説に移行していったように、ネットの広がりでテレビの報道性にも物語性が求められているのだが、歴史が片寄って編集され書き換えられていく危険もはらんでいる。私が一緒に仕事をしている大蔵流狂言師、善竹家の人々は（狂言師として初の人間国宝に認定された善竹弥五郎の一族だが）テレビにまず映らない。関西だと京都の茂山家ばかり出てくる。東京メディアは京都のコンテンツを優先的に報道したがるから大阪神戸を本拠とする善竹家は紹介しないのか。東京と京都を東西の対概念のように見せてはいても実は東京の文脈に則ったコンテンツ内での話。

東京五輪を機に放送の中央集権化・一元化が始まり、「東京以外は地方らしい番組を」となって、ローカリズムとしての商品を売らされるようになってから、大阪の街角といえば判で押したように新世界・通天閣か道頓堀・戎橋。道頓堀でも本格の歌舞伎を上演する大阪松竹座などはあまり映さない（近年ようやくＮＨＫが初春歌舞伎を東京との二元中継で一部放映するようになったが）。大阪のハイカルチャーを排したがる東京の要求にピタリと応じたのが吉本興業というわけだ。

大阪城に近い山本能楽堂の「上方伝統芸能ナイト」は、能・狂言・文楽・上方舞・お座敷遊び…

地元の伝統芸能を字幕付きで上演する。「テレビではて知りえない大阪の文化を知って感動した」という観光客の声を耳にする。歌舞伎俳優たちが大川から芝居町へ巡行する「船乗り込み」のラストシーンを松竹映画『残菊物語』で見て水都大阪が印象づけられたと語る外国人も少なくない。回り舞台・セリなど歌舞伎劇場の独特な構造も大阪の芝居町の産。これらを海外に発信すれば大阪発グローバル+ローカル＝グローカルとなる。ケーブルテレビがコンテンツにして少しずつ取り上げ始めている。

1952年生まれ。一橋大学法学部卒。演劇評論家として執筆業に入り、『関西文学』編集長を経て文化プロデューサーに。「西鶴フェスティバル」(ギャラクシーホール)などを制作。著書に『淀川ものがたり』『わたしの風姿花伝』など。神戸夙川学院大学教授。

亀の呟き

桐島洋子（エッセイスト）

四半世紀前に五十歳を迎えたとき、私は人生の秋の「林住期」を宣言して仕事を絞り、ヴァンクーヴァーに設けた「林住庵」で晴耕雨読の日々を楽しむことが多くなった。若い頃に乗っていたグライダー同様、それはエンジンもプロペラもなく、気流だけに身を任せて緩やかに旋回するひたすらに静かで快い時間だった。日本のラジオやテレビを視聴できないことなどに何の不便も感じないばかりか、けたたましい馬鹿騒ぎから解放されたという爽やかさを感じたものだ。日本で重大な事件があればあちらのメディアでも報道されるし、もっと知りたいディテールがあれば、帰国したとき雑誌でも読めば十分すぎるほど書き尽くされている。

あの9・11事件のときはカナダどころか北ベトナムの辺境にいてテレビも何もなく、周りにいるのはアメリカなど星よりも遠い少数民族だからさすがにちょっと焦ったが、それでも何処からともなく洩れ伝わる情報はあるもので、それによる事態の認識に間違いはなかったし、僅かな情報にじっと眼を凝らすことで、むしろ深く冷静な思考ができたと思う。帰国した後、巨大な山のように堆積したニュースの残骸を眺めながら、これが津波のように押し寄せていた阿鼻叫喚の日本に居合わせなかったことを、別に悔やむこともなさそうだと思った。必要な情報はちゃんと保存されているから、あの事件のことは完全にキャッチアップできたし、兎より亀の方がよく視えたのではないかと自惚れさえしたものだ。

速報性が放送の命だということに異存はないし、東日本大震災や原発事故の現場を目撃できるテレビ・ニュースの迫力はたしかに圧倒的だったが、それをフォローすべき分析力、洞察力の貧しさは苛立しかった。血相かえて事件を知らせるだけなら昔の半鐘で十分だ。その先にどれだけ頼もしい情報を用意できるかに、今後のジャーナリズムの存在意義がかかっている。一刻を競う先陣争いに力を使い果たすより、銃後の備えにこそ重心を置いてほしい。

今更インターネット・ワールドに参入する気力は湧きそうにない私なのに、速くてボーダレスで自由奔放でゲリラチックで放送なんかよりずっと面白いよと、しきりに勧められる。旧メディアの敗色は濃いようだ。かくなる上は、前線は若い兎に任せ、その代わり、彼らが溺れかけている情報の大洪水に棹さして命綱を投げたり岸を教えたりしてやるのが先輩亀の役割りではあるまいか。放送でいえば、「ディスカバリー・チャンネル」「ナショナル・ジオグラフィック」「ヒストリー・チャンネル」あたりに頼もしい亀の貫禄を感じる。

私は近頃アメリカ嫌いになるばかりだが、テレビだけはケーブルでアメリカのニュースやドラマやドキュメンタリーを一日中垂れ流し、日本のテレビはまず見ないという非国民なのだ。だから、ご要望に応えるような名案は浮かばない。どうぞお許しを。

1937年生まれ。文藝春秋勤務のあと独立。ベトナム戦争従軍やアメリカ放浪の体験などをふまえて書いた衝撃の文明論『淋しいアメリカ人』で第3回大宅壮一ノンフィクション賞を受賞。林住期のあと70代になってからは、マスコミよりミニコミと自宅に大人の寺子屋を開き、熟年力の活性化につとめている。著書に『聡明な女は料理がうまい』『マザーグースと三匹の子豚』『骨董物語』など。

歴史的転換点

小長谷有紀（国立民族学博物館教授）

日本の放送業界史にとって、三・一一はまさに歴史的転換点となった。なぜなら、放送された映像や情報を通じて、放送の空虚さを思い知ったからである。自然の驚異に対して放送が無力であると言いたいわけではない。そんなことはずっと以前からわかっていただろう。自然ではなく、むしろ人為の脅威が存在し、そうした人為の脅威に対して、放送は最大の加担者であってきたという過去が明らかになったことを指している。

福島第一原発の事故に関する初期の報道によって、視聴者はあたかも「大本営発表」を見るかのように、真実が隠蔽されて情報が操作されていることを目の当たりにした。やがて、原子力村とも称される既得権益集団が存在していることがわかり、電力会社こそが現代の経済的な食物連鎖の頂点に立って政財界を支配していることがわかった。産業界からの広告によって成り立っている放送業界は、それゆえにあたかも「大政翼賛会」の一部であったことも図らずも了解されたのだった。しかし、生まれ変わるべき時は来た。

わたしたちはまったく新しい知的枠組みのもとにある。いまや、たとえ事故などなく安全に運用できたとしても、そもそも原子力発電そのものが人類にとって脅威的な技術であって、安心してはならないことを知っている。それなのに、なぜ、安全や安心だと言いくるめる側が、市井の意見よりも強いのだろうか。放送はもっと市民の味方になってくれてもいいのではないだろうか。放送業界が生まれ変わるには、広告で成り立つ、という構造そのものを転換するしかない。

マスメディアのうち放送は、受益者を特定できない商品を販売している。視聴者という受益者から、コストを回収できない。視聴者という消費者と対面販売する店をもたない。そのために、広告という魔的存在を許してしまう。そして、現在のような大がかりな広告費が設定されている限り、大企業ひいては電力会社の支配につながってしまう。

循環の回路を変えていくには、脱広告も視野に入れながら、異なる広告のありかたを模索しなければならないだろう。そのための環境はすでに整っている。インターネットの普及は、視聴者との双方向性をもたらすという点で、新しい回路になる。地産池消の規模で番組を作っても、ネットを通じて国際的に配信できる。言い換えれば、ローカルとグローバルを容易につなぐことができるのも、インターネットの魅力である。インターネットとの相性のよい新たな放送文化が、市民の味方として機能する時代をわたしたちは待っている。

1957年生まれ。京都大学文学部卒、同大学院博士課程を満期退学。国立民族学博物館助教授を経て教授。文化地理学、モンゴル・中央アジアの遊牧文化を専攻。著書に『モンゴルの万華鏡～草原の生活文化～』『ウメサオタダオと出会う　文明学者・梅棹忠夫入門』など。

遅かりし雁之助―テレビは消えるか―

小中陽太郎（作家）

よく知られているようにベンヤミンは、一九三八年、レコードや写真を論じた名高い『複製技術時代の芸術論』を発表し、レコードの発明で「フリードリッヒ大王の御前でも演奏したモーツァルトの音楽は何度でも複製できるようになったが、モーツァルトのアウラは消えた」と喝破した。ベンヤミンはその後迫り来るナチスの脅威に絶望して、亡命先のピレネーで自殺した。

ぼくがNHKにいた当時（東京オリンピック直前）、ビデオ装置は名古屋中央放送局になかった。

何しろ村木良彦が「テレビはただの現在にすぎない」と居直っていたころだ。

名古屋には、それどころか、ドラマ用のスタジオ一つなかった。

そこでぼくは、カメラを外にもち出してドラマを作ることをおもいつき、「作者は誰か」と思いめぐらし、そのころ『何んでも見てやろう』を発表して旋風をまきおこしていた小田実の世界旅行記を学生時代読んだことを思い出し、電話した。かれはある朝、夜行で名古屋入り。二人で工業発展の地（名神高速や四日市石油コンビナート造成地）を見てまわり、丘陵地帯を切り崩して建設中の合成ゴム工場に魅せられた。

「よし、この陽光に輝く鉄パイプの前で、ウエスト・サイド・ストーリー（当時上映）のようなモダンダンスを踊らせよう」。最終カットに、土地を買収されてリヤカーを引く姐さんかぶりの農婦を配《はい》した。『黒い雨』の山田昌だ。町工場主が芦屋雁之助である。

放送は消えた。本番を和田勉がキネコフィルム（放送時フィルムに収録できる）に残しておいてくれた。

四十年後、小田が病に倒れたとき、ぼくはこのフィルムを持ち出して上映した。『桜の花の咲く頃』等のディレクター横山隆晴（フジテレビ）は、「死に行く盟友への切々たる哀悼の上映」と手紙をくれた。

さてぼくの言いたかったことはこれからだ。

四十年前、ぼくはテレビなどはあとに何も残らないから、果敢ないと思って、NHKをやめてしまった。NHKは当時のキネコをみな棄てた。焚書坑儒に抗してぼくのキネコが残ったのは、ぼくが馘になって、誰も返せといってこなかったからである。

ぼくがこのことを思い出したのは、ゆうべ夕刊（二一年八月七日東京新聞）を開くと、文芸のコラム子が、近著『跳べよ源内』をこう批評してくれていたからである。

「源内は脱藩しなければ凡庸な漢方蘭学者に終っただろうし、小中もテレビ局に留まれば、不充足な心のまま、中途半端な芸術派ディレクターに留まっただろう」

署名は、なんと、「雁之助」

遅かりし雁之助！　しかしテレビは消えるなんぞと、もう誰にも言わせないぞ。

1934年生まれ。東京大学文学部卒。NHKのテレビディレクターを経て著作活動に入る。ベトナム戦争中には「べ平連」の結成に参画し活動。著書に『一人ひとりのマスコミ』『跳べよ源内』など。

東京一極集中型から地域分散型への転換

森　詳介（関西経済連合会会長）

戦後日本の発展は、放送文化の発展とともにあった。テレビ放送の登場は、情報のみならず生活スタイルにまで革命的な変化をもたらし、その後もテレビは、最も主要なメディアとして日本の発展を牽引し、社会の中心であり続けてきた。

また、「集中が集中を呼ぶ」経済成長システムの中で、放送業界も他の業界と同様に、東京一極集中の度合いを強めてきた。在京局がキー局として存在感を高め、集中が番組クオリティの向上を促し、今や日本のどこにいても世界の最新ニュース映像を見ることができるようになった。スポーツや映画といったコンテンツも、十分過ぎるほどに揃っている。

しかし、東京一極集中で合理性を追求する経済成長モデルが限界を迎え、日本経済が長らくの停滞に沈み込んでいる今、放送業界も大きな転機を迎えようとしているのではないか。インターネットの普及やケーブルテレビ、衛星放送の発達などは、放送業界のビジネスモデルに、強く変革を迫るものである。

東京一極集中型に代わる次の経済成長モデルは、多様な個性を持った地域が活力を発揮する地域分散型である。経済界が地方分権を推進しているのは、地域が自らの強みを発揮できる環境整備のために他ならない。

その点で、放送業界にも、東京一極集中型から地域分散型への転換を提案したい。

国の発展がメディアとともにあるように、地域の発展もメディアなくしてありえない。特に発信力の強いテレビには、これまで埋没していた地域の強みに光を当て、地域の強みを広く世界に伝えるという役割を大いに期待している。

例えば、関西は、日本古来の文化の宝庫である一方で、新進のクリエイターを多数輩出するなど、文化面で厚いストックを有する地域である。そこで関西経済連合会では、二〇〇七年度より近畿経済産業局とともに「クリエイティブ・インダストリー・ショーケース・in関西（ＣｒＩＳ関西）」を開催するなど、クリエイティブビジネスの新たな可能性を発掘している。こうした地域独自の活動を広く発信していただくことで、地域の経済や社会が大いに活気付き、日本全体も新たな成長局面に入ることができると確信している。

もともと、放送業界は地方ごとに発達してきた歴史を持つ。放送業界には、今こそ原点に回帰し、地域の発展、そして国の発展に対するさらなる貢献をしていただきたい。

１９４０年生まれ。京都大学工学部卒。関西電力に入社し、取締役社長などを経て、２０１０年から取締役会長。２０１１年、関西経済連合会会長就任。

二つの課題

森　達也（映画監督・作家）

映像文化の歴史は、実のところとても新しい。一八九五年にリュミエール兄弟が、フランスで初めてシネマトグラフによる上映会を催した。公式にはこれが、人類が初めて映像を目撃した瞬間だ。

エジソンの会社の技師だったレジナルド・フェッセンデンによって、ラジオの歴史が始まったのは一九〇六年。

この二つのメディアは、急速に世界に拡大した。言い換えれば人々に求められた。なぜならそれまでの文字メディア（新聞や書籍）は、情報の受け手を識字能力がある人たちだけに限定していたからだ。この時代の世界で、学校に行ける人がどれほどいたかと考えてほしい。極めて少数派だ。ところが映画とラジオは識字能力を必要としない。誰もがわかるのだ。

こうして世界で初めてのマスメディアが誕生する。時代的には一九二〇～三〇年代。この時期の世界は大きな曲がり角を迎えていた。日本とイタリア、ドイツ、スペイン、そして中南米の一部に、全体主義がほぼ同時多発的に誕生したのだ。

実のところ全体主義は、この時代以前には存在していない。ならば気づかねばならない。全体主義という政治形態が誕生するためには、マスメディアの存在が前提であることに。

つまりプロパガンダだ。すべての人が利用できるメディアが誕生したからこそ、大規模なプロパガンダが可能になった。要するに映画とラジオは、第二次世界大戦におけるA級戦犯であるとの見方もできる。でも人格を持たないこの二つのジャンルは、被告席に座ることはなかった。それどころか戦後に融合した。

テレビジョンだ。

こうした歴史を俯瞰すれば、やはりテレビは化けものメディアだとつくづく思う。ちなみに世界で初めてテレビの実験放送を行ったのはナチスドイツだ。

つまり放送は、その誕生と同時に、政治的プロパガンダとの親密な関係を強要されてきた。

第二次世界大戦終了後も、放送メディアが大きな過ちを引き起こした例は事欠かない。だからこそ放送メディアは、政府や大企業など大きな権力に対しては、強い緊張を持続する関係を持たなければならない。

特に日本の放送メディアの問題は、メディアとジャーナリズムが一体化しすぎていることだ。メディアは企業だ。利益を追う。効率を目的化する。リスクはできるかぎり排除する。だからこそポピュリズムに染まりやすい。事件報道ばかりに偏重する。

ただし企業ジャーナリズムという言葉が示すように、一体化が絶対に不可能とは思わない。最大の使命である権力監視について自覚的になること。ポピュリズムに距離を置くこと。その二つが、現状の放送メディアにおける最大の課題と考える。


1956年生まれ。立教大学卒業後、演劇の世界に入り、広告代理店、不動産会社に転職、商社などを経て、1989年テレビ番組制作会社に転職、ドキュメンタリー番組の制作に携わる。代表作に『放送禁止歌〜歌っているのは誰？規制しているのは誰？〜』など。また1998年、オウム真理教を取り上げたドキュメンタリー映画『A』を公開。著書に『ドキュメンタリーは嘘をつく』『下山ケース』など。

テレビ文化としての暮らしへのまなざし

中町綾子（日本大学芸術学部教授）

かつて、トレンディドラマが東京を舞台に若者の恋をうたってヒットした。一九八〇年代後半から九〇年代前半にかけてのことだ。仕掛け人であるフジテレビの大多亮プロデューサー（当時）は、その表現の特徴として三つの要素をあげる。音楽、ファッション、ロケ地だ。『東京ラブストーリー』（一九九一年、フジテレビ）のヒロイン・赤名リカ（鈴木保奈美）が、「カーンチ！」と相手の名を呼んで駆け寄る。都市の風景にその声がはずみ、笑顔が弾けていた。

いま思うのは、その表現の斬新さではなくむしろ普遍性だ。トレンディドラマは当時の流行情報をふんだんに盛り込んで新鮮だった。しかし、ファッションは「衣」、ロケ地は広い意味での住環境（生活圏）＝「住」である。つまり、そのこだわりは、衣・食・住といった人の暮らしに深く関わるものだった。だからこそ、東京の暮らし（文化）の中に描かれる恋に馴染まない文化（たとえば関西）に照らせば、受け入れがたいものもあったかもしれないと推察する。

二十余年を経て現在のテレビドラマはどうか。かつてに比べて表現には洗練が見られる。ストーリー展開も登場人物の造形も、より重層的になった。盛り込まれる情報量は圧倒的に多い。しかし、そこには暮らしの描写へのこだわりはあまり見られない。トレンディドラマのもうひとつの特徴、目新しさばかりが求められているような気がしてならない。

そんな中で、地方局が制作するテレビドラマの存在感が高まっている。北海道テレビ「ミエルヒ」（二〇〇九年）、NHK広島放送局「火の魚」（二〇〇九年）、関西テレビ「レッスンズ」（二〇一一年）、毎日放送「花嫁の父」（二〇一二年）だ。描かれる題材、テーマはそれぞれに異なる。ただ、生きることの願いや希望を、東京ではない風景の中に、状況的な場面場面ではなく暮らしの時間の中に描くものが多い。そこには、たとえば家族との暮らしに生まれるドラマがある。舞台の違いはあっても、暮らしを大切にする視点の中に登場人物は輝いて見える。

テレビは、街頭からお茶の間、やがて個人で見られるものに変わったとされる。それでも、テレビは暮らしの中にあり続けてきたのではないか。

そして、テレビの中には暮らしがあり続け（描かれ、伝えられ）てきた。ドラマに限ったことではない。報道、ドキュメンタリー、情報、バラエティの多くも暮らしへのまなざしを備える。メディア環境の変化があっても、人びとの暮らしがある限り、その暮らしへのまなざしがテレビ文化としての魅力だと考える。

１９７１年生まれ。日本大学大学院芸術学研究科修了。放送専門誌、新聞各紙でテレビドラマ批評を行うほか、放送関係各賞の審査員を務める。著書に『ニッポンのテレビドラマ21の名セリフ』『なぜ取り調べにはカツ丼が出るのか？』など。

より多くの関西発を

難波功士（関西学院大学社会学部教授）

深夜、一人でいるとさ、孤独に押しつぶされそうになるンだ……。だから家ではずっとテレビをつけてるンだ。他の誰かと同じ番組を観てると思うと安心するンだ。俺は一人じゃないと……。

これはマンガ「闇金ウシジマくん」からの引用である。闇金ウシジマくんは、非合法な金融業を営む丑嶋馨《うしじまかおる》と仲間たちの物語。もちろんフィクションなのだが、文化人類学者のフィールドワークを思い起こさせる徹底した取材にもとづいており、リアリティが一コマ一コマの隅々にまで行き渡っている。現代社会の抱える諸問題を、さまざまな角度から描ききろうとしたこの作品において、テレビや「放送」の描かれ方はというと……。

残念ながら、ほとんどまとまった言及はなく、唯一冒頭にあげた抜粋があるくらい。それすらも、さびしいから点《つ》けてるだけだと、非常にネガティブ。他のテレビが出てくるシーンにしても、その視聴者はもっぱら中高年。その他のメディアの登場回数もみていくと、ラジオは皆無、新聞は若干、唯一雑誌がそれなりに活躍している。ケータイや

ＰＣ、ｉＰｏｄが、ストーリーのカギとなる小道具として頻出するのに比して、マスメディアの存在感の低下を痛感せざるを得ない。

しかし、ここでウシジマくんを引いたのは、放送局の未来を悲観してのことではない。この問題作をドラマ化し、その映画化に参画した毎日放送への敬意をこめて書いている。ただ残念なのは、映画『阪急電車』のようにすべてを在阪局が取り仕切ったわけではなく、制作のキーマンが東京の局から独立したプロデューサー兼ディレクターであったこと。もちろん『阪急電車』は、関西が舞台の原作を関西でロケした作品なので、単純に比較すべきではないかもしれない。が、東京（ないしその近郊）が舞台のウシジマくんであっても、関西の制作者たちが中心となっていけない理由はない。

ともかく、今日では放送局が映画を製作したり、ＤＶＤを発売することが何の不思議でもなくなった。イベントの企画・運営も長らく放送局が手がけてきたことだし、すでにネットとラジオはかなりの融合を遂げている。テレビないしラジオの「番組」という形式や「電波」という経路にこだわる必要ももうないのではなかろうか。より多くの人々が見たい・聴きたい・拡散させたいと思う、より多くの関西発コンテンツが作られることを願ってやまない。その担い手としてまず期待されるのは、やはり現状では在阪の放送局だと思う。

１９６１年生まれ。京都大学文学部卒業。博報堂勤務を経て、東京大学大学院社会学研究科修士課程修了。博士（社会学）。２００６年から現職。広告史や若者文化史などを専門とする。著書には『社会学ウシジマくん』『人はなぜ〈上京〉するのか』『メディア論』『ヤンキー進化論』などがある。

もっと個性と多様性を大事に

小田桐誠（ジャーナリスト・大学講師）

「昨今の地上波テレビ番組とかけて全国主要駅の駅ビルと解く」「そのこころは？」「どこも似たり寄ったり」。

東奔西走、全国各地を飛び回ることが多い。当然駅ビルを通り、その周辺に宿泊することになる。かつてはそれぞれの地域の匂いがする個性的な駅だったのだが、いつの頃からか改築・リニューアルで、駅そのものはきれいになったものの、テナントの構成はほぼ同じものになってしまった。

「駅ビル」を地上波各局のタイムテーブルに、テナント構成・品揃えを各番組のキャスティング・演出手法に当てはめると、「デジタル化で確かに画質はきれいになり音質もクリアになったが、番組の中身や出演者はどの局もほとんど同じ。ホントに全国各地の駅ビルと同じだね。個性や多様化はどこへいったのか」と頷く人が多いのではなかろうか。

BS・CS、CATVの各チャンネルによって、何とか多様性や地域性が担保されているのが現状である。なぜこうなってしまったのか。準キー大阪局の責任は大きい。「スポンサーも人気アナウンサー・タレントも制作部門もすべて東京に集中するようになった以上、局としては対応しようがない」と在阪局はその背景を説明するかもしれない。だが、視聴者はそのような事情と解説を理解したとしても、納得するとは思えない。今さら「大阪各局が横断的に団結してBSの1チャンネルを確保する構想が実現していたらなぁ」と愚痴ってもどうなるものではない。

過去は未来への鏡だとすれば、大阪各局が全国に向けてどんな課題に取り組まなければならないのかは明白だ。ピラミッドの頂上に位置する東京キー局が築いてきた強い拘束力とそのネットワーク構造の中で、一筋縄にいかないことはそれこそ理解しているが、関西の匂いがする番組を全国に発信することだ。幸い大阪各局がこれまで蓄積してきた独自番組は宝の山だ。

たとえば現在編成・制作中の番組で言えば、毎日放送の『情熱大陸』や『映像』シリーズに見られる報道・情報番組、全国進出を果たした読売テレビの情報ワイド番組『ミヤネ屋』にゴールデンタイムの『秘密のケンミンSHOW』、関西テレビのドラマ、朝日放送の『探偵！ナイトスクープ』『新婚さんいらっしゃい』に象徴される視聴者参加型番組などだ。これらの番組で蓄積された制作力は、今後も色あせることはないだろう。

これからも「東京一極集中主義」「大阪局の東京化」から脱却するために、大阪発想のオリジナル番組を企画制作し続けるしかない。

1953年生まれ。亜細亜大学法学部卒業後、出版社勤務を経てフリーに。著書に『PTA改造講座』『NHK独り勝ちの功罪』など。現在BPO（放送倫理・番組向上機構）、「放送と青少年に関する委員会」委員、NPO法人放送批評懇談会常務理事、法政大学、武蔵大学講師など。

これからのテレビ放送に期待すること

大林剛郎（関西経済同友会代表幹事）

最近の我々を取巻くメディアの多様化には著しいものがある。視聴者のニーズは、若者を中心にネット・携帯等の新しいメディアへとシフトしており、テレビ放送に対するニーズや期待は相対的に低下する傾向にある。

このような状況の中で、今後もテレビ放送が独自性を出して存在感を残していくためには、その役割を今一度見直し、既成の概念に捕らわれない踏み込んだ対応が必要であると考えられる。

玉石混合の膨大な情報が多様なメディアから流れる現在の社会では、取材力や分析力を駆使して当事者の意図や内容の真偽・偏りを見抜き、事実を引き出して正確に報道するメディアの役割が大変重要になっている。

東日本大震災による福島原子力発電所事故を契機に、テレビや新聞などが伝える情報の信頼性が大きく揺らいでおり、情報の真偽に対する受け手の目はとても厳しくなってきている。報道内容のタブーを少なくし、特に災害・非常時の報道や安全保障関連などについては、スクリーニングなしで信頼できる情報を発表するなど、テレビ放送は「事実」の追及に徹した報道、事実を引き出し正確に伝える放送を行うべきである。

最近のテレビ放送は、バラエティやクイズ番組など安価な制作費で視聴率を確保しようとする傾向があり、各社横並びで放送内容に独自性が薄いと考えられる。

テレビ局は、視聴者の放送に対する嗜好が多様化してきていることを認識し、例えばローカル色の強い番組構成とする、政治や経済などの専門番組を放送する、次世代を担う子供たちに焦点をあてて英語での放映を増加させるなど、独自性を出すための取り組みを進めるべきである。また、デジタル放送の特徴である双方向性を活かして、例えばスマートテレビによるネットとの融合による新しいサービスの開発を行い、視聴者のニーズを取り込むなど従来の事業領域を拡大し、これまでの視聴率重視の受動的なメディアから脱却していくことも必要と考えられる。

さらに政府は、規制緩和を行って新規テレビ局の参入を促進すべきであり、その結果として増加したテレビ局間でより一層の競争が発生し、その中で視聴者に支持される独自色の強い番組が数多く生まれてくるものと考えられる。

最後に、まだまだ多くの人の生活にテレビは欠かせない存在となっていることも忘れてはならない。特に高齢者層を中心に日常の情報源がテレビや新聞だけという人も少なくなく、年齢層や地域による情報格差は大きいものと考えられる。このことから、テレビ放送が世の中に与えるインパクトや社会的影響は大きく、娯楽や情報の主要な供給源としての役割は今後も当面は揺らぐことはないものと考えられる。

その意味でも、テレビ放送は番組のクオリティを重要な評価基準に位置付ける必要がある。相変わらず品位を疑うような番組を多数目にするが、テレビ局は社会に対する責任とビジョンを持って、より高い品質の番組作りを行っていただきたいものと考えている。

１９５４年生まれ。慶応義塾大学経済学部卒。スタンフォード大学工学部大学院卒。１９７７年、大林組に入社し、２００９年代表取締役会長。大阪建設業協会理事、関西経済同友会代表幹事など。日本卓球協会会長も務める。

脱一極集中に、メディアは「複眼」的思考を

大谷昭宏（ジャーナリスト）

東京で生まれて育った私ではあるが、いま私の個人事務所は大阪にある。もちろん、自宅も大阪である。出演させていただいているテレビ番組は、レギュラー、準レギュラーを合わせて東京二局、名古屋三局、大阪二局である。ラジオ番組は、電話出演が中心だが、大阪、名古屋、福岡の三局を持っている。移動のことも考え合わすと、東京に拠点を移した方が効率的ではないかと局の方から助言をいただくことも多いが、私にその気はまったくない。

新聞記者時代の大半が大阪社会部勤務だったこともある。そして、人間をはじめ生物の目はたいてい二つ、複眼である。そのことによって、視界が捉えたものとの距離感がはじめて出てくる。また、遥かに視界も広がる。ジャーナリズムの世界こそ、この複眼でなければならないと私は思っている。

だが、東京の一極集中、関西をはじめとする地方都市の地盤沈下。こんなことが言われ始めて久しい。私が大阪で記者をしていた四十年前から言われ続け、年が経つにつれ、その傾向はますますひどくなっている。と言って、それは昨今、喧し

い行政機構の改変で解消できるものではない。そんなものは巨大な地方都市をひとつ作り出すだけのことだ。

まずメディアが変わらなければ、一極集中に歯止めがかかるわけがない。テレビ局で見ていくと、キー局、準キー局、系列各局というピラミッドが頭にこびりついている。その殻をわずかながらにも破ってみせたのが、一九八九年から二〇一〇年まで続いた「サンデープロジェクト」ではないかと思っている。これは人もお金も、テレビ朝日と大阪の朝日放送が半分ずつ負担するという報道情報系の番組としては異例の試みだった。

その結果、阪神淡路大震災をはじめ、グリコ・森永事件、朝日新聞阪神支局事件、頻発する冤罪事件、様々な分野で幅広く、かつ独自の視点で特集番組を放送することができたと自負している。一準キー局では、人的にも財政的にも負担が重すぎると言うなら、東日本、西日本の各局が人と金を出し合って、キー局と折半で番組を制作する。そうやって、なんとか複眼を実現させる。そのことによってサンデープロジェクトがそうだったように、テレビ局が言うところの全国ネットの意味合いも、ずい分と変わってくるはずである。

それはメディアの世界に止まらない。この国の形を変えることにも繋がるのではないだろうか。

1945年生まれ。早稲田大学政経学部を卒業し読売新聞社に入社。大阪本社社会部記者の後、ジャーナリズム活動を続ける。主な出演番組に『スーパーJチャンネル』（テレビ朝日）『ひるおび！』（TBS）など。著書に『冤罪の恐怖』など。

情報氾濫の中で何を提供出来るのか？

大宅映子（評論家）

近頃は情報格差をひしひしと感じることが多い。例えば、福島で原発の事故の際、私など即ビキニの久保山さん、を思い浮かべたが、メディアに出はじめたのは、何週間もあとのことであった。

今の放送を担っているのは、ビキニの実験の頃にはこの世に生を受けていない人ばかりだから仕方ない、といえば仕方ない。

しかし、今の情報格差は、昔のことだから知らない。だけでなく、自分の興味以外であったら、全く知らない。知らなくても何の不都合もない、恥でもないという風潮だ。

流行歌を考えてみれば分かりやすい。我々の子供の頃、歌はヒットすれば一曲で日本中を廻れば三年はもつ、といわれた。ヒット曲は誰でも知っていた。だから『三つの歌』というラジオ番組が成立したのだ。

でもいまでは百万枚売れている歌、といわれても聞いたこともない。ジャンルが異なると知らなくて当たり前なのだ。

それが流行歌だけでなく、あらゆる分野で広がっている。共通の『常識』というようなものが存在し得ないくらい、多種多様な情報があふれ、しかも瞬時に誰でも入手できる。

放送が皆に情報を広める担い手である時代は終わったのだ。

『鐘の鳴る丘』を聞いて夕食を食べ、『二十の扉』を楽しんだ時代とは全く違うということを認識しなくてはいけない。

だからといって役割がなくなった、ということでは決してない。だからこそ、この情報のギャップが多数存在する人々に、根っこの必要な情報を提案し、〝この位知らないと恥でっせ〟という。それもメディアとして重要なのだ。

放送というと専らＴＶのようになってしまった昨今、私はラジオの重要性、面白さを感じている。ＴＶにもラジオにも出演して来た身にとって、ＴＶは顔を売るには良いけれど、自分の意見をどの位聞いてくれているのか、という視点で考えると、ラジオの方がずっと手ごたえがある。目からの情報の方が影響を受けやすいのだそうだが、だからこそ、見るにたえない〝お笑い〟と称する芸人ともいえないタレント（ともいえない）がバッコするTVに未来はない。

免許に支えられた特権をきちっと自覚して、自分たちのやるべきこと、やれることを再点検して、この情報氾濫の中で、きちっとした基準で何が提供出来るのか考える所から入ったらよかろうと思う。

1941年生まれ。国際基督教大学卒。マスコミで国際問題、政治経済から食文化や子育てまで幅広く論じ、切れ味のよいコメントが好評。行政改革委員会、税制調査会など多くの政府委員会の委員も歴任。公益財団法人大宅壮一文庫理事長。

日本における「放送」の今後

佐藤茂雄（大阪商工会議所会頭）

京阪電気鉄道では、一九五二年二月、大阪でのテレビ実用化試験開始を受け、一九五四年九月、関西初となるテレビカーの運行を開始した。その後も、一九七一年に日本初のカラーテレビ設置車両を、一九九二年には衛星放送を導入し、テレビカーが京阪特急の旅客サービスの代名詞として広く認知されるに至った。いわゆるテレビが大衆娯楽の雄として普及した高度経済成長時代、テレビカーの車内ではプロ野球、大相撲の放送を熱心に見入る老若男女のお客さまで賑わった。半世紀以上にわたり親しまれたテレビカーも、人々の生活スタイルの変化に加え、携帯電話の普及も相まって、平成二十四年度末をもって引退した。このように、情報伝達媒体の進歩・普及により、いつでも誰でも手軽に情報を取得できる時代を迎え、鉄道サービスにおいても、インターネット環境の整備など、提供するサービスも変化している。

生活スタイルの多様化が進む現代社会において、我々は自ら情報を取得し個々に選択する超高度情報化時代を迎えている。人々の関心は大量に溢れる情報の中から、必要な情報をいかに早く正確にキャッチできるかに注がれている。その結果、新聞からラジオ、テレビ、さらにインターネットへと情報伝達媒体の進歩と共に、人々は媒体ごとに使い分け、求める役割も異なる。高度経済成長時代から媒体の中心的役割を担ってきた「放送(ラジオ・テレビ)」においても、その役割は時代とともに変化してきている。

一方でまた、国の調査によると、東日本大震災前後を通して、テレビが災害情報の主たる情報源として幅広い世代で高い比率を占め、信頼性の高い媒体との結果が示されているのも事実だ。さらに、日本人選手の活躍に沸くロンドンオリンピックの中継放送は、一九六四年の東京オリンピックから進歩した映像技術で世代を超える人々を夢中にさせた魅力的媒体でもある。企業など情報発信する立場からも、テレビは媒体の中でもその訴求力が、一番の魅力であることは言うまでもない。従って、さまざまな情報伝達媒体から幅広い情報が発信される時代だからこそ、その媒体特性を生かし、「放送（テレビ）」に求められる公正かつ良識あるコンテンツを提供することが、何よりも重要である。言い尽くされた命題だが、インターネットなど新しい媒体と一線を画し、存在感を示し続けるうえでのポイントと言える。一方、資本の論理からテレビ界でも、一極集中・ネットワーク化が進む中、毎日放送をはじめ関西の放送局が、独自の視点から関西の豊富なコンテンツを掘り起こし、逆に中央に向けて発信する努力が十分になされてきたかどうか、自己検証の必要があるのではないか。地方分権へと向かう大きなうねりの中で、放送文化は新たな役割を求められている。

1941年生まれ。京都大学法学部卒。京阪電気鉄道に入社。代表取締役社長、代表取締役CEOを経て、2011年より取締役相談役、取締役会議長。2010年には大阪商工会議所会頭に就任した。関西ボート連盟会長など。

ペイテレビの勧め

角　淳一（パーソナリティー）

既存のメディアはその能力からみて、今のところ充分な実力を備えている。

YouTubeはiPhoneやiPadでも見られ、高画質の画像も上がってきている。GoogleはニE億ドルを投じてYouTubeの環境を充実させるとの話もある。

ビル・ゲイツの十年後の予想は、「どこでも高画質。サービス。ユーザーとのつながり。」だそうだ。想像するに、今後一つの画面で、玉石混淆の番組をユーザーは自分の勝手で楽しむことになろう。

私のNHK出演経験で知ったことだが、制作は毎日放送でのスタッフと同じだから、制作能力は一緒。ただNHKが所有している電波数は半端ではなく、再放送のパターンは民放では考えられない。しかも、聴取料を集めるという、いわばペイテレビなのだ。これは強い。

最近のWOWOWの面白さを見ていると、ペイテレビの強さを思い知る。BSで面白いのはNHKとWOWOWだけである。

見る人が金を払う。私などは、スポンサーも実は見る人だと思っている。やっぱり民放の今の収入の形はおかしい。見る人が金を払うのが分かりやすくていい。メディアが何であっても、観たらお金を払えばいいのだ。ケーブルテレビをイメージすれば、配信の仕方、金の徴収の仕方が分かりやすい。

前々から言われていたことだが、競争は激化し、見られる番組を創るところにお金が入る。これは避けて通れない。ローカル局のあり方は、毎日放送の情報番組『ちちんぷいぷい』の制作の仕方にヒントがありそうだ。（和歌山の島精機に取材に行ったとき、「ここまで東京から離れていると、東京に行くのもローマに行くのもおんなじです」。この社長の言葉をヒントに『ぷいぷい』は積極的に海外取材を続けている）東京からの自立。地方の独立。

情報とは、誰が誰に何を伝えるか、である。今更ながらであるが、「みなさん」という呼びかけはおかしい。ＡがＢにＣについて語りかけているのを、どれだけの人が聴くか。これが商売のポイント。視聴者（リスナー）の数であったり、質であったりする。しかしこれからは数より質だ。大阪ステーションシティーに何人来るかは、テンションの問題では重要かも知れないが、結局は人がいくらお金を使ったかに落ち着く。

勇気を持ってペイテレビにしなければ、未来はない。まだ既存のメディアには制作インフラを含めてその能力がある。そして良質な市民の声を育成することである。

１９４５年生まれ。関西学院大学商学部卒。毎日放送にアナウンサーで入社。ラジオ番組『ＭＢＳヤングタウン』『すみからすみまで角淳一です』『ラジオウォーク』、テレビ番組『夜はクネクネ』『イカにもスミにも』『ちちんぷいぷい』などに出演。現在は「おとなの駄菓子屋」のタイトルで、ラジオ、テレビ、新聞で活動を続けている。

番組作りにもっとチャレンジ精神を

田原総一朗（ジャーナリスト）

私がテレビとかかわりを持ったのは一九六〇年で、半世紀を超えた。

私は、かかわりはじめて以来、テレビで何が出来るのかと、その可能性を追求しつづけてきたつもりである。

私がテレビ局に入社したのは一九六四年で、それ以来、丸ごとテレビ人間になったわけだ。

丸ごとテレビ人間になったきっかけは、ある民放テレビの女性ディレクターから番組の構成を頼まれ、話をしたらその場で企画が通り、台本は今晩中に書いてほしい、本番は明後日だといわれ、そのイイカゲンさに入れ込んだのであった。

それまでいた映画会社では企画を通すのに何十回も会議を行い、三カ月以上かけて、それでもボツになることが少なくなかった。

だから、その場で企画が通り、二日後に本番というう、あきれるほどのスピード、というよりも気易さ、イイカゲンさに大きな魅力を覚えたのだ。テレビの世界ならば、やりたいことが何でも出来そうだと際限のない可能性を感じたのである。

私の予感はあたっていた。丸ごとテレビ人間になり、やりたいこと、テレビの壁を破り新しい可能性を追求するための番組をつくり続けることが出来た。第一、壁なんてものはなかった。

だが、歴史が長くなるというのは怖いことである。はじめの頃は考えもしなかった伝統というものが生じ、それに呪縛されるようになる。

かつてはテレビは、それこそ自由なメディアであった。どのようなチャレンジでも可能だった。だが伝統が出来ると、失敗を怖がるようになり、チャレンジではなく守りの姿勢になる。

失敗する可能性のある番組は、何としても避ける。つまり無難な番組を、無難な番組をという方向に傾斜する。

とくにコンプライアンスなどという言葉が導入されて、全く意味を取り違えているのだが、クレームのつく恐れのある番組を避けるようになった。

そういうスタッフやタレントは危険だとして排除するようになって来た。

私は古い人間なのかもしれないが、このような無難な番組ばかりが氾濫しているテレビに果たして未来はあるのかと心配になってしまう。チャレンジ精神を取り戻さないと、無難でないネット映像がどんどん入り込んで来る近い将来、既存のテレビは闘えなくなるのではないだろうか。

１９３４年生まれ。早稲田大学文学部卒。東京12チャンネル（現テレビ東京）に入社し、『ドキュメンタリー青春』などを担当。退社し独立してからは著作と評論活動に転じ、『朝まで生テレビ！』『サンデープロジェクト』などの司会では、鋭い質問で迫る新境地を開いた。著書に『田原総一朗の闘うテレビ論』など。

ビデオジャーナリストが「ものがたる」旅番組

髙田公理（佛教大学社会学部教授）

一九九〇年代半ば以降、日本の海外旅行者数は増減を繰り返しながらも、千七百万人前後を維持している。ただ、若者の数は大幅に減った。むしろん、この間に若者人口そのものが八割程度にまで減っている。しかし、海外旅行に出かける若者の数は、それ以上、六割程度にまで落ち込んだのだ。

それが、古希に近い私などには意外に思える。二十歳になった一九六四年に海外渡航が自由化されると、とにかくどこか日本以外の世界に行ってみたいという強い衝動にかられたのを思い出すからだ。当時は若者の多くが、同じような気持ちを持っていたと思う。

背景には、たとえば小田実の『何でも見てやろう』に代表される旅行記に触れたという事情がある。そんな書物の著者たちの、未知の世界での刺激的で面白い体験を、みずからも味わってみたいと考えたわけだ。実際、一九七〇年代には、のちに『深夜特急』という書物に結実する沢木耕太郎のユーラシア大陸横断の旅をはじめ、多くの若者が、バックパッカーとして世界各地に旅立った。そして、わずかな金で長期間、あちこちを歩き回り、広い世界の、さまざまな人々との出会いを体験したのだった。

それが、バブル経済崩壊後の一九九〇年代に逼塞する。海外旅行の主流が、手軽で安価なパックツアーに変化し、グルメ探訪やショッピングに、お添えもの程度の名所見物に終始するようになってしまったからだろう。テレビの旅番組の多くも、そうした旅を代理体験させることで充足しているように見える。そこには、『何でも見てやろう』や『深夜特急』がはらんでいた、若者たちを未知の世界に誘い出す強い吸引力は備わっていない。

そこで思い出すのは二十年ばかり前、話題になった、プロ用に引けを取らない小型・高性能のビデオカメラを持ち、作品の完成までを、たった一人で、すべて引き受けるビデオジャーナリストという存在である。彼らが、みずからの興味と関心から、国の内外の未知の土地を訪れ、そこに暮らす人々と出会い、その体験を「ものがたる」優れた旅番組ができれば、いまどきの若者たちも、「そんな体験なら、私もしてみたい」と考えるようになるのではないか。

単なる代理体験を超えた、人を行動に駆り立てるという役割を果たせる可能性を、テレビは潜在させていると思う。二年前、仲間と語らって「ものがたり行動学会」を立ち上げたのも、テレビに限らず、そんなことが実現できたらいいな、という思いからであった。

1944年生まれ。京都大学理学部卒。家業の初生ヒナ人工孵化業や、工務店勤務、スナック経営、コピーライター、広告制作業経営などにたずさわった後、武庫川女子大学教授などを経て現職。学術博士。著書に『語り合う　にっぽんの知恵』『「流行」の社会学』など。

関西メディアの役割

鳥井信吾（サントリーホールディングス副社長）

関西の文化の本質は、「サービス精神」にあると思う。これは人と人との関係が濃く、密度が濃いということである。関西のユーモアコンテンツ、落語や漫才もそうであろう。これもまた、人を楽しませたいサービスからきている。在阪のテレビ局が関西発の放送を発信することで、東京の放送局に多大な影響を与え、日本の放送文化の発展に寄与した歴史がある。

サントリーの創業者鳥井信治郎は、三つのことを言った。

一、やってみなはれ。やってみなわかりまへん。
二、陰徳を積む。
三、親孝行な人は立派になれる。

鳥井信治郎は生粋の大阪人。その商売の本質は、「人への関わり」、「サービス精神」にある。お役所仕事的発想とは真逆の精神である。

また、関西には「こんなもんあったらええな」、「こんなんできたらおもろいで」という柔軟で、時代の変化にすばやく対応する発想力と行動力があり、これこそが幾多の企業家を生み、企業文化を創造してきた。

しかし、日本の高度経済成長が絶頂に達したまさにその時から、東京の一極集中が極まった。それは関西のマスコミ、広告、クリエイティブの世界でも例外ではなく、長引く世界経済の停滞と、日本の広告市場の縮小が追いうちをかけ、また、スマートフォン、インターネットがテレビを圧迫し始めている。こうして、関西と東京のメディアのパワーに大きく差がついたことは事実だろう。

とは言え、一昨年の東日本大震災や地上波放送の完全デジタル移行を経て、テレビが持つパワーが再認識されている。スマートフォン、インターネットなど様々な媒体が混在していても、やはり情報の発火点はテレビである。

今は、大きな時代の転換期にある。もはや、産業も文化も一極集中の効率主義だけではやっていけないことは明らかである。今一度原点に戻って、東と西の二大ネットワークを再構築することが、日本の放送文化の活性化につながるはずである。これからは、関西の底力を存分に発揮して、関西独自の放送文化が創造されることを期待したい。

1953年生まれ。甲南大学理学部卒。サントリー株式会社に入社。2003年、代表取締役副社長。2012年から関西経済同友会代表幹事。

テレビの可能性は無限である

辻　一郎（「地方の時代」映像祭審査委員長）

テレビには「未来はない」とする意見が多い。書店をのぞくと「テレビは崩壊した」と説く書籍がならび、放送OBの集いに出て必ず聞くのは、「最近のテレビはつまらない」の嘆きである。

たしかにどのチャンネルをまわしても、同じような顔ぶれのタレントが出演しているバラエティがならんでいて、「どの局も同じ」の思いをいだく。

ではテレビはすでに存在価値を失い、滅びゆくメディアになってしまったのか。テレビならではのリアリティーを、取りもどすことはもう出来ないのか。

私はそうは考えない。私はここ数年、「地方の時代」映像祭の審査員をつとめてきた。この場でいつも感じるのは、多くの制作者の熱い思いだ。

映像祭にはいつも、日本がかかえている重い現実をとりあげた素晴らしい番組が寄せられる。作り手は、原発、戦争、公害、限界集落、老人介護、冤罪など、日本にのしかかっている重い課題にテーマを見つけ、長期にわたる地道な取材で得た果実を、視聴者につきつけてくる。その結果、社会を動かした事例も、ワーキングプアーの問題をはじめとして数多い。ことはドキュメンタリーだけでない。ドラマの分野でも、優れた作品が数多く放送されている。

にもかかわらずテレビに対する評価がきわめて

低い原因はどこにあるのか。どうすれば現状を変えることが出来るのか。私は二つのことを提案したい。

まず一つは優れた作品を、もっと多くの人の目に届かせる工夫である。特にドキュメンタリーは多くの場合、ＮＨＫを除いては、制作された地域でしか見ることが出来ない宿命をもつ。この現状を改め、優れた作品はどこの局が作ったものでも、日本中の視聴者の目に届くシステムをつくることだ。デジタル化によって実現した多チャンネルを、そのために活用する工夫や努力は出来ないか。これが第一の提案だ。

次に提案したいのは、冒頭に記した「どの局も同じ」の解消である。その第一歩は、制作者が、「これまで放送されたものとは違うものを作る」と、決意することだ。つまり、もの真似は排し、気軽に、しかし勇気をもって、新しい試みに挑むことだ。「チマチマとした佳作ではなく、壮大な失敗作を目指そう」と提言したのは岡本博だが、この言葉はいまでも新しい。他の番組に出ているタレントは、使わないくらいの気持ちが欲しい。そうすることで、テレビに驚きを導入することが可能になる。これが第二の提案だ。

これが実現したとき、テレビはいまと違った目で見られるようになる。テレビは多くの視聴者が、同じ経験をリアルタイムで同時に共有できる唯一のメディアである。ここに言葉による検証を丁寧に加えよう。テレビはまだまだ可能性を秘めている。

１９３３年生まれ。京都大学法学部卒。新日本放送（現毎日放送）に入社。主として報道畑を歩く。取締役報道局長などを経て、大手前大学教授など。日本マス・コミュニケーション学会理事、高橋信三記念放送文化振興基金運営委員。『対話１９７２』『20世紀の映像』でギャラクシー賞大賞など。著書に『私だけの放送史』『忘れえぬ人々』『父の酒』など。

放送文化の役割

辻井　喬（詩人・作家）

かつて日本テレビの氏家斉一郎、大阪の毎日放送の齋藤守慶氏のお二人は、東西にあって放送の在り方の灯を掲げるリーダーであった。

そのお二人が亡き後、設立二十周年を迎える高橋信三記念放送文化振興基金が健在であることは私たちにとって大きな支えであるのと同時に、お二人のお考えや理想を考えると、残された私たちがその遺志を継がなければならないこともまた事実である。

最近、わが国のゆくえについての議論が行われる時、政治家が政策についての基本思想を持っているようには見えないこと、財界人がオポチュニズムに陥っていて、政界、官界の指導者に対して公的観点から意見を述べる見識を持っていないことと並べて、マス・メディアの興味本位の動きを批難する意見が出されることが多い。あるいはまた、ネット社会の出現がマス・メディアの指導力を低下させている現状を憂うる声も聞かれる。

しかし、本当にそうなのだろうか。

それぞれの領域の指導者たちが、それぞれの領域の立場から意見を述べることは当然であり、あるいは義務でさえあると私は思っている。殊に、今日以後の大きな変動を孕む世界を考えると、各界の利害が対立する場合も増えるのではないか。

その際、意見を戦わす者同士のあいだに、「公共」あるいは「公共」に通じている社会的責任の意識と思想が明確であるかどうかが問題なのではないか。そうして、その公を掲げて、政界、官界、財界に公の意識を発揮する立場を要求するのこそ、メディア、放送文化に与えられている権限であり役割なのだと私は思う。

そのためには、かつて目の色を変えてわが国の軍国主義化を進めていた軍部に対抗して国会で堂々の反軍演説を行った斉藤隆夫のことを私は思い出す。当時は、それまであった政友会、民政党が国粋主義者と軍部の圧力もあって、大政翼賛が生まれようとしていた時期である。軍部は当然斉藤代議士を代議士から除名せよ、と迫ってきた。

その頃、まだテレビはなく、マス・メディアといわれるものは全国紙とラジオであったけれども、〝国策に従う〟という偽の公の意識に縋り、一部の地方紙を除いていずれも斉藤代議士除名にメディアは賛成してしまったような記憶が私にはある。しかし、昔も今も、本当の公とは人間の擁護とそのための平和なのだということを高く掲げて、政、官、財の各界に対する正義の主張を展開されることを、私は放送に願っている。

1927年生まれ。東京大学経済学部卒。1952年に詩集『不確かな朝』を刊行以来、数多くの作品を発表。2006年に第62回恩賜賞・日本芸術院賞を受賞。近著に詩集『死について』、小説『茜色の空』、エッセイ集『流離の時代』など。元セゾングループ代表。

誰のために報じるのか

依光隆明（朝日新聞編集委員）

一昨年の三月十二日、福島第一原発1号機の爆発的事象を人々に伝えたのは原子力災害対策本部ではなく福島中央テレビだった。

十年前に据えていた遠距離固定カメラが爆発の映像を偶然キャッチし、その映像が局内のモニターに流れた。モニターを見たカメラマンが映像に気づき、局長に伝える。判断は瞬時だった。「放映しよう」。

爆発のようには見えるが、本当に爆発したかどうかは分からなかった。実際、キー局の日本テレビは「ベントかもしれない」と放映を逡巡している。しかし福島中央テレビは瞬時に放映の判断を下した。なぜか。局長は言う。

「カメラには福島第一原発の手前にある家々も写っていました。そこにはまだ人が残っているかもしれない。この映像を見て速く逃げてくれ、と。

その思いでした」。

　事実を事実のまま見てもらえればあとは住民自身が判断する。テレビ画面を見つめながら、局長は「逃げてくれ」と祈っていた。

　このときの局長の気持ちに地方の報道機関の本質が集約されている。地方なりの足場、視座、目線、とでも言えようか。地方の報道機関はそこに住む人々に足場を置いている。つまり、そこに住む人々の目線でものごとを見る。原発で異変が起きた時、重要なのは爆発かベントかの区別ではない。大事なのは住民の命であり、住民の命が危ういと思ったらなによりもまずその危うさを知らせる。それが地方報道機関の本能だと言っていい。

　今回の原発事故では中央にいくほど情報の輪郭がぼやけたように感じられた。評論家的になったと表現してもいい。国の姿勢は「ただちに影響はない」という抽象的な言葉に象徴されていた。住民にとって大事なのは影響があるか否かの一点であって、「ただちに」かどうかを知りたいわけではない。しかし中央の報道機関はその言葉を報じ続けた。もちろんそれは間違いではない。が、それがどれほど人々の役に立ったのだろうか。

　情報には必要不可欠なものと、知れば知識が増える程度のものがある。原発事故のような極限状況にあって人々が知りたいのは必要不可欠な情報、もっと言えば自分の命を左右する情報にほかならない。

　それを担うのは地方報道機関の方かもしれない、と考えている。地方では地元と現場が重なるが、中央では霞が関や東電本店が現場だと錯覚する恐れがあるからだ。

　現場の声が霞が関の声だったら、本当の現場は救われない。


1957年生まれ。1981年高知新聞に入社し、東京支社編集部長、社会部長。2008年朝日新聞に移り、水戸総局長、特別報道部長を経て編集委員。高知新聞時代、県庁の不正融資を暴く取材班代表として、2012年には朝日新聞プロメテウスの罠取材班の代表の一人として、新聞協会賞を受賞。

自己批評が放送の日本モデルを作る

吉岡　忍（作家）

ＢＰＯ放送倫理検証委員会の委員になって五年、それ以前に関わった同様の役割を入れるとかれこれ七、八年、私は放送界の不祥事を第三者的立場から見てきた。たぶん日本でいちばん多くの事例を検証しているだろうし、報告書や意見書や提言の類もたくさん書いてきた（いまも某キー局のバラエティー番組の演出方法について、かなりきびしい苦言を書いている途中だ）。

もうテレビはダメだ、と悲観したくなるときも、正直に言って、ないわけではない。個別の事例に深入りしていくと、たいていそう思う。ところが、われながら面白いことに、全体を振り返ってみると、日本の放送界への信頼は逆に高まっている。

放送は世界中でやっていて、送り手側のハードウェアも、受けて側のハードウェアも似通ってきた。その意味ではテレビ技術はグローバルな平準化が進んでいるが、その中身となると、イギリスはイギリスで、アメリカはアメリカで、中国は中国でそれぞれ勝手にやっているだけで、これこそ世界最高の番組だ、というものがない。

やはりそこには、それぞれの国と地域の文化や歴史、ものの見方や人間関係のあり方などが作用していて、一律の評価基準を当てはめることには無理がある。一時は、そういう差異はどんどんなくなって、世界はフラット化したとさえ言われてきたのだが、私の見るところ、ハードウェアの国際化・平準化は、じつはソフトウェアの（言葉は悪印象だが）国粋化を呼び覚ましている。

泣いたり、笑ったり、考え込ませたりする場面を精緻に作り込むためには、国際的にも通用する一定のハードウェアが必要だが、そういう場面を作り込めば作り込むほど、番組は文化や歴史や日常感覚に根づいたローカルな中身になる。テレビの不祥事と言われているものも、結局のところ、視聴者が生まれ育った場所で知らず知らずのうちに身につけたモラル意識に背馳した制作手法や中身だったということである。

ここ数年の日本の放送局は不祥事を起こしたとき、ひた隠しにするようなことをしなくなった。独自に制作関係者に聞き取りを行い、何が、どこで、どう間違ったかをかなり詳細に調査するようにもなった。ＢＰＯの私達が同様のヒアリングをし、その正確性を検証するせいもあるのだろうが、以前と比べてはるかにオープンになったことは間違いない。少なくとも政府組織や一般企業よりはずっと自己切開的である。

もちろんコンプライアンス意識の過剰は警戒しなければならない。制作現場の萎縮は絶対に避けるべきだ、と私も思う。そのことを頭の片隅に置きながら、しかし、この趨勢を、放送局と制作者が〈自己批判的〉になっていく過程として積極的に評価することも大切ではないか、とこのごろの私は考えている。

あらゆる表現が、批評なしには成熟しない。他からの批評に多くを気づかされることもあるが、表現と表現者をもっとも鍛えるのは自己批評である。欧米の放送局、アジアや他の地域の放送局も、ここまではやっていない。この律儀さも、あるいはきわめて日本的なのかもしれないが、ここを突き進む以外に、日本のテレビが日本独自の放送文化を築く道はないのではないか。いつかそれが〈日本モデル〉として確立され、定着していくことを、私は期待している。

１９４８年生まれ。早稲田大学在学中にベトナム反戦運動に参加。数年間の海外旅行を経て、１９８０年代から本格的に執筆活動を開始。作品に『墜落の夏―日航１２３便事故全記録―』『Ｍ／世界の、憂鬱な先端』など。日本ペンクラブ専務理事、ＢＰＯ放送倫理検証委員会委員長代行など。

メディア出身の研究者たちの声

「送り手」に熱き当事者意識を

影山貴彦（同志社女子大学学芸学部教授）

「送り手」のひとりとして、放送の現場に十五年半身を置いた。その後、仕事の場を大学に移して十一年目になる。至極当たり前のことを申し上げるが、人は立場が変わると、ものの見え方に変化が生じる。その変化の小片を掬い取って自らの拙い研究に繋げている。

さて、お題である「放送」の今後である。自身の専門であるエンターテインメントジャンルに着目しながら、幾つかのささやかな提言を行いたいと思う。

私が今、「放送」において危惧しているのは、「送り手」側の当事者意識の希薄化である。「受け手」は、「最近の番組は面白くない、だから観ない」と無責任に言う。「送り手」の日々の絶え間ない努力も知らずに。だが、同じ言葉を時として当事者である「送り手」が口に出してはいないだろうか。「送り手」は「放送」から決して目を逸らしてはならない。「送り手」は「評論家」になるべきではない。まずテレビを徹底的に観て、ラジオを徹底的に聴く。多忙等を隠れ蓑に「送り手」の多くが実行できていないのではないか。商品に可能な限り触れることは、業界を問わず基本のはずである。データだけに振り回されてはいないだろうか。無駄な会議のみが増えていないだろうか。商品に直に触れぬまま、もっともらしい分析を繰り返すだけでは、状況は決して良くはならない。

また「番組制作」という、本来魅力に溢れているはずの仕事が、諦めの伴ったルーティンワークになってはいないか。特に関西においては、お決まりの演者たちを繰り返しキャスティングするばかりで、「新しい流れ」を作り出す努力を怠っているのではないか。「ゆるさ」「柔らかさ」という言葉を逃げに使い、「閉鎖性」の蔓延した番組を増産してはいないか。真剣に検証し改革すべき時が来ているはずだ。時間の猶予はない。

タモリは三十年ほど前、「芸能人は国民のオモチャ」と自らの立場を評した。そして「思う存分遊ばれてやるぜ」と言葉を重ねた。「受け手」に対して相当挑戦的な物言いだった。今タモリ本人も含めて、こうした尖った表現に「放送」で出会うことはほとんどない。過激を装った偽悪的パフォーマンスは散見されるが、そこに本音はない。「送り手」と、「受け手」の間の心的距離が近年一層広がっていると思う。「送り手」は番組を通してもっと熱きメッセージを発信して欲しい。それは「受け手」のリテラシー向上にも繋がるはずだ。

1962年生まれ。早稲田大学政治経済学部卒。毎日放送入社。制作現場などで経験をつんだ後、大学教授に転じる。関西学院大学大学院博士課程中退。専門はメディアエンターテインメント論。著書に『テレビのゆくえ』『おっさん力』。

豊かな日本の放送文化を関西から

小玉美意子（武蔵大学社会学部教授）

「メジャー」は体制の押し付け、「シェア」は努力中、「ケア」はこれから・・・これが今の放送界の実情なのではないかと思う。

少し説明させて頂こう。私は、最近のコミュニケーションを三つの型に分けて考えている。

一つ目は、東京中心のマスコミが運ぶメジャー・コミュニケーションで、ニュースであれば政府や大企業の発表をそのまま伝える結果、体制支援型になる。娯楽番組では男性発想によるバラエティで、編成全体は視聴率中心主義である。

二つ目は、メジャーが伝えない、社会的に大事な情報を伝えようとするもので、ニュースよりはドキュメンタリー、娯楽番組では社会派ドラマや科学番組に多く見られる。重要なテーマを調査し放送することで、視聴者と情報を「共有し分け合う」、すなわちシェア・コミュニケーションだ。

今までメディアの中で少なかったのが三つ目のケア・コミュニケーション。これは、ストレスのたまる現代社会の中で、苦しい体験を語りあい慰め合って共感し、立ち上がる勇気を得る情報だ。感情を共有するので詩や和歌、俳句、音楽などの芸術としても表現できる・・・。

このようにメディアで出される情報を、番組の内容と作られる過程で三つに分類すると、メジャーよりも、シェアとケアのコミュニケーションの中に、関西の存在意義が見出される。

例えば、フクシマ原発事故前の二〇〇八年に放送された、『なぜ警告を続けるのか～京大原子炉研究所・異端の研究者たち』は、東大でなく京大だからできた研究内容を、東京でなく大阪の局だから発信できたのではないか。ラジオ番組の『たね蒔きジャーナル』も同様である。

また、関西はケア・コミュニケーションの開発にも力を発揮している。もともと関西にはことばの伝統があり、琴線に触れる表現に長けている。加えて、障害者情報バラエティ『バリバラ』の試みがあり、ＣＳ障害者放送統一機構の「目で聴くテレビ」など、障害者文化にも目配りができている。

東京中心のメジャー発想の放送は、もう限界にきている。東日本大震災の際、「メディアは信用できない」と人々に思わせたメディアとは、そういう体制的・権威的な部分だったのではないか。インターネットは、信頼できない情報を含みながらも、市民目線で真実を伝えたいとする思いが伝わってくる。

放送が信頼を取り戻し、人々に今後も受け入れられるためには、〝主流の人々〟すなわち、［首都圏居住者・男性・二十〜六十歳代・一流大学卒・健常者・日本人］主導の枠を抜け出して、多様な発想からアプローチをすることが大事だ。

関西発の放送がたくさん見られるようになると、日本の放送文化はもっと豊かになり、世界にも受け入れられるようになると思う。

フジテレビのアナウンサーを退職後、サンフランシスコ州立大学修士を経て、お茶の水女子大学博士課程を満期退学して研究者に。放送番組向上委員会委員、映倫副委員長なども歴任。著書に『ジャーナリズムの女性観』『メジャー・シェア・ケアのメディア・コミュニケーション論』など。

市民的公共性の担い手めざせ

松田　浩（メディア研究者）

放送メディアに未来は、あるのだろうか？　危機感を禁じえないのは、私だけだろうか。

ただ、はっきりしているのは、ネット時代においても、マスメディアとしてのテレビ・ラジオには、市民社会を担う公共メディアとして重要な役割が期待されているという事実である。そして放送メディアが真に公共メディアとしてその使命を果たすためには、次の三点が重要と考える。

第一は、放送が文化とジャーナリズムのメディアとして、戦後の草創期にみせた自由闊達な気風を取り戻し、視聴者・市民にとってかけがえのない存在であることを、現実に証明してみせることである。放送の現状は、雑多な情報をただ氾濫させるだけの情報発射装置に堕している。そうではなく、民主的な市民社会に責任を負うジャーナリズムと文化のメディアとして権力を監視し、多元的で多様な言論・情報が飛び交う自由な「広場」としての機能を再生させることが、いま急務となっている。

さきの福島第一原発で起きた未曾有の放射能事

故は、政・官・産・学・メディアを結ぶ長年の癒着の構造を、はしなくも浮かび上がらせた。その根底に権力とメディアの癒着関係があることは、いまや誰の目にも明らかになっている。

アメリカ・カリフォルニア大学のエリス・クラウス教授は、かつてその著『ＮＨＫ vs 日本政治』の中で、放送法が政治からの「自立」を保障しているにも拘わらず、政治介入が罷り通っている日本社会の現実を、世界的にも特異な現象として指摘し、日本のマスメディアをジャーナリズム本来の「監視犬（watch dog）ではなく、政府を支える「パートナー犬（lap dog）」だと痛烈に風刺している。

放送メディアが一九六〇年代の青春期にジャーナリズムと文化のメディアとして輝かしい活動をみせながら、権力の弾圧と介入に屈し、自主規制と視聴率至上主義の娯楽メディアへと屈折を余儀なくされていった歴史を知るものには、この指摘は深く胸に突き刺さる。

放送メディアが、視聴者を単なる情報の消費者ととらえ、断片情報を流すだけの情報発信装置と化していった背景には、こうしたジャーナリズムの変質があったことを見落とせない。インターネットが普及し、人々がネットを通じて日常的に情報を入手できる時代に、もしマスメディアとしての放送に未来があるとすれば、それはまぎれもなく調査報道に象徴される職能的ジャーナリスト集団と取材網を備えたジャーナリズムと文化のメディアとしてであろう。

そのためにも「前提」として欠かせないのは、放送行政権を政府の手から切り離し、世界の大勢が示すように、権力中立的な「独立規制機構」に委ねることである。その実現に向けて、メディアは市民とともに先頭に立つ必要がある。これが第二のポイントである。

そのうえで第三に重要なのは、地域に根ざした放送活動の強化充実である。戦後、民放が高く掲げた理念は、戦前の旧ＮＨＫによる中央集権的放送のあり方の対極にある地域住民に根ざした地方分権の放送であり、地方自治を担う放送であった。大阪の民放各局は、そうした理念のもと独自の放送文化を築いてきた。だが、田中角栄が深く関わって実現した全国紙とテレビの資本系列一本化は、テレビ・ネットワークの性格を変え、民放テレビをも中央集権型構造に変える結果をもたらした。そうしたなかで、さまざまに地域に密着した放送を育てる努力は続けられているものの、地方局の独自性、主体性はいちじるしく狭められてきている。

民衆生活に根ざしたジャーナリズムと文化のメディアとしての往年の輝きと信頼性が失われつつあるいま、一部にテレビ離れが始まっているのは理由のないことではない。

市民社会を支えるジャーナリズムと文化のメディアとしての放送が、いま求められている。いかなるタブーにもとらわれない自由闊達なジャーナリズム、そして地域社会に根ざした民衆文化の創造こそ、放送メディアがネット時代に強く期待されている「存在理由」なのである。

1929年生まれ。東北大学卒。日本経済新聞編集委員、立命館大学教授、関東学院大学教授を歴任。著書に『NHK』『ドキュメント放送戦後史』Ⅰ、Ⅱ、『知られざる放送』（共著）など。これらの著作で日本ジャーナリスト会議奨励賞を1967年と1980年に2回受賞している。

地方から変える放送ジャーナリズム

水島宏明（ジャーナリスト・法政大学教授）

私は地方テレビ局と東京キー局の両方でニュース報道や報道ドキュメンタリー制作に関わってきた。地方局と比べるとキー局の報道は、放送される内容も取材者の意識も大きな落差がある。一言でいえば、東京には生活実感がまるでない、社会のリアルとの接点を持てないまま表面だけなぞる報道のオンパレード。ネットの普及で情報がバーチャル化し、さらに加速されている。情報を発信する側も受ける側も生活のリアルを実感できない時代になって、放送がリアルな現実を映し出していない。そこでのスタジオ討論もまた事実を踏まえない空論ばかり。たとえば、お笑い芸人に端を発した「生活保護バッシング報道」。一事が万事。小さな出来事を一般化する。針小棒大。羊頭狗肉。わいわい騒いで感情をあおる。生活保護を受けて暮らす人々の実態を克明に伝え、制度の意義や役割を冷静に論じる場面はほとんどない。結果的に「生活保護を受けるのは恥ずかしいこと」という前時代からの差別意識や、困窮者は家族が支えるべきという旧来思想を増幅させて全国に発信する。他の先進国でありえない異常事態だ。他にも「東京目線」で生活感のない「関心事」ばかりが報道対象となる。テロップ満載で見る側の思考を誘導し、「考えさせる」機能は劣化する一方だ。

そんななかで放送が社会で起きていることのリアル、生活のリアルを取り戻すための大きなカギが、地域発の、等身大の報道を充実させることだ。関西発、北海道発で、それぞれの地域で実際に起きる「問題」を詳細に伝えること。東京キー局のように匿名ばかりで責任者を逃がすことなく、固有名詞で伝えるディテール報道に努めること。これが地方から報道そのものを変えていくはずだ。東京の放送ジャーナリズムは、報道の体をなしていない。ミスを犯してはいけない、苦情が来てはならないと強迫観念から絶対無謬を求め、ギクシャクした個性のない「報道」。一方、バッシングのような偏見垂れ流し報道には鈍感だ。

地方からこそ変えられる。人間は間違える。放送も時には間違える。しかし、気楽にごめんなさいといえる柔軟性は、顔がみえる地方でなら可能だ。結果的にいろいろなテーマを自由闊達に論じ、放送することができる。巨象と化した全国放送を根底から変えることは難しい。しかし、地方の制作者や記者たちが地域放送の強みを自覚すれば、日本のジャーナリズムは変わっていく。それこそが国民が求める報道になっていくはずだ。

1957年生まれ。東京大学卒。札幌テレビで報道記者、ロンドン特派員、ベルリン支局長などを経て、日本テレビで『NNNドキュメント』ディレクター兼『ズームイン！』解説委員。手がけた番組に『母さんが死んだ』『天使の矛盾』『ネットカフェ難民』など。著書に『ネットカフェ難民と貧困ニッポン』。芸術選奨・文部科学大臣大賞などを受賞。

地域との「共有感」

村上雅通（長崎県立大学情報メディア学科教授）

十年前、テレビ番組のためのドサ廻り劇団を立ち上げた。番組名は「熱血ジャゴ一座　只今参上！」。ジャゴとは「在郷」の意の熊本方言だ。熊本を拠点に全国で活動する喜劇役者ばってん荒川さんを座長に、民謡歌手、ラジオパーソナリティーなど座員は全員熊本在住の芸人で固めた。

メインの出し物は「肥後にわか」と言われる熊本の大衆芝居だ。月一回のペースで熊本県内の市町村で公開収録したが、芝居のストーリーは全て収録地の昔話、伝統芸能、最新の話題を元に創作した。地元の人たちですら忘れかけている故郷の唄、踊りは積極的に芝居に取り込んだ。

ばってん荒川さんの絶大な人気もあって、「ジャゴ一座」の公演は毎回盛況だった。人口六千人の村で千五百人が会場を埋めたこともあった。五十五の商店がスポンサーになってくれた町もあった。テレビと違って、受け手の反応が瞬時に出る会場で、観衆のリアクションに一喜一憂したものだ。収録時の緊張感が蘇える。

この番組を企画した目的は、地域文化の再興だった。県内を取材で回ってよく耳にするのが、祭りの中断や伝統芸能の継承者不在といった話題だった。子供たちは地域の方言さえ理解出来なくなっていた。昭和五十年代放送局に入社した私は、地域文化が雪崩を打つように衰退していく状況に何度も遭遇した。確かに文化は、時代とともに変わっていくものだ。しかし、私は淘汰される必要のない素晴らしい文化までもが、消え去っているような気がしてならなかった。

地域文化の衰退は、高度成長期に加速した都市への一極集中など構造的な要因があるだろうが、私は、自らが携わる放送にも一因があると考えた。熊本のどんな田舎にいっても、東京発の情報は満ち溢れ、子供たちはテレビから流れる音楽や言葉に共鳴した。結果、地域の言葉は子供たちから消えた。そんな現状に私は「テレビによる文化の金太郎飴化」という思いを抱いた。

ばってん荒川さんが亡くなったため、ジャゴ一座は三十七回の公演で幕を下ろした。しかし、八年経った今でも、番組で修復した郷土の唄や踊りが地域の祭りで登場し、地域の会合で収録の話題が出る。入社以来、私は数百本の番組を作ってきたが、これほど地域の人たちの心に留まっている番組はない。それは、おそらく、地域の人と同じ土俵で企画を考え実現したという「共有感」ではないかと私は思う。

大学の教員になった現在も番組制作に携わっているが、ジャゴ一座で体感した地域との「共有感」を、常に私は意識する。「共有感」から得られる新たな発見ほど、ダイナミックな素材はない。それは、キーボードを叩けば瞬時に表示される「金太郎飴」情報とは比較にならないほど、心に迫って来るからだ。

1953年生まれ。慶應義塾大学卒。熊本放送に入社。「記者たちの水俣病」「封印　脱走者たちの終戦」など、主にテレビドキュメンタリーの制作にあたる。芸術選奨文部科学大臣新人賞、芸術祭放送個人賞などを受賞。2011年から現職。

オータナティブを探して

境真理子（桃山学院大学教授）

二〇一三年にテレビは本放送の開始から六十周年の節目をむかえる。戦後の新しい職業であった放送産業は大きく発展し、そして変化した。しかし、いま変化の渦中にある放送界からは、視聴者離れ、広告不況、制作現場の疲弊など、積極的に立ち向かうというより、むしろ消極的な議論が聞こえてくる。さらに昨年、3・11の大震災と原発事故がおきてからは、マス・メディア不信という重い問いも突き付けられている。放送と市民の間の乖離は広がるばかりなのだろうか。いま、放送はデジタル技術とともにすすむべき道の選択を迫られている。では、どのような道を選択するのか。

答えは地域にあると確信している。まるで青い鳥のように、気づかないだけですぐそばにある。四年前に東京から関西に住居を移して、関西発の情報から自然ににじみでる特徴に気づいた。住んでいる地域への無条件の愛、とでもいえるような強い思い。関西弁の、上手に本音をいうユーモアとコミュニケーション力が、その地域愛を支えている。感心するのは、普通の人々の地域に寄せる思いは強いだけでなく、同時に、突っ込み力でその思いをも笑い飛ばしてしまう、そのような客観の視座である。それまで東京の一極集中と中央意識、ある種の傲慢さに辟易していたから、真っ直ぐに地域を愛し、同時に、それを相対化・対象化できるパワーに感動する。

大事なのは、地域が互いにとってのオータナティブになりあうことである。相互にもうひとつのメディア、異なった視点から別のみかたをするメディアになることだと思う。当然それぞれの地域は、オータナティブな視点を提供している。その意味で、東京もひとつの地域なのであるが、中央意識のなかで東京はその視点を見失っているように思う。

別の視点、もうひとつの見方がないことがどんなに社会を脆くするか、これは３・11大震災と原発事故が語る貴重な教訓である。いま問われているのは、一極集中や単一のものの見方から自由になることである。関西からの情報、その潜在能力は、単に情報の多様性にとどまらず、オータナティブの価値を示すことで、これまで自明視してきたことや絶対的なものの見方から人々を解放し、自由にすること、その可能性にあるのではないか。新しい時代の放送と、豊かなメディア社会のありようを見いだす鍵として、それらの価値がいわば「再」発見される必要がある。

1952年生まれ。北海道テレビで記者、ディレクターをつとめ、ドキュメンタリー『ロウ管をうたった』で地方の時代映像祭優秀賞。その後、ウィスコンシン大学大学院ジャーナリズム研究科などを経て、2008年から現職。専門はメディアリテラシー映像論。共著に『メディアリテラシーの道具箱』など。

テレビ業界、本日も反省の色なし

里見　繁（関西大学社会学部教授）

テレビ局を辞めて、大学の教員になった。二年半前のことである。その時、学生向けの冊子に挨拶代わりの文章を書いた。「テレビ番組はくだらない、と言う人が多い。賛成。しかし、テレビ局で働く人間はすべて視聴率だけに身を捧げて番組を作っている。つまり『くだらない番組』の多くは、テレビを見ている人達自身の欲望が映像化されたものである、ということを忘れてはならない」。今もこの考えは変わらない。

話は飛ぶが、民主主義の国では選挙によって為政者を選ぶ。だから、どんなにひどい政権であっても、それは私たち自身の成熟度の現れである。つまり自分の身の丈以上の政府を持つことはできない、そういう話を習ったことがある。これって、テレビの話に似ていませんか。

「放送の未来像」という大きなテーマをいただ

いた。大きすぎてきちんと考えたこともないが、あえて答えを出すなら「今のままでいい」と私は言いたい。だからといって、今の放送〈テレビ番組〉が「素晴らしい」と言う気は全くない。テレビ村の住人だけが集まって内輪の話に終始し、スタジオに呼ばれた応援団が手を打って笑う。私は大きな社会問題のひとつである「学校内のいじめ」とこれらの番組は根っこで繋がっていると考えている。現代のいじめは暗い陰湿な場ではなく、棘を含んだ見物人の笑いの中で行われている。こんなバカな番組をいつまで続けるんだ、と思う。

だが、それにも拘らず、その番組を打ち切るか、続けるか、それを決めるのは放送局自身であって、他の誰かであってはいけない、とわたしは思う。そして、制作者自身が頼みとしているのが「視聴率」だというのなら、これほど健全なことはない、あるいは、外部の力で番組が消されるよりはずっといい、そう言えるのではないか。

我々がいくら「まずい店だ」といっても流行っているレストランはある。「うまい」と思う人がいるからだ。こんな単純な味覚に限ってみても千差万別であるのに、ましてテレビ番組という「ぬえ」について、誰がその姿や思想を一本に束ねるのか。そんなことはできないし、やってはならない。時間はかかってもいつか淘汰される、などと甘いことを考えているのではない。玉石混交でいつも混沌としている、それがテレビである。私にとってどうしても許せない番組はいつもある。その時にはスイッチを切るしかないのだ。

放送の基準点は「視聴率」である、というのが最善かどうかは私には分からない。しかし、民主主義が選挙と切り離せないのと同じくらいに重要な要素だと思う。それが私たちの思想や良心を反映させる唯一の回路だからだ。むしろ、今、本当に「視聴率」に殉じていますか、と放送局の人に問い質したい。

1951年生まれ。東京都立大学卒。毎日放送報道局で勤務後、2010年から現職。毎日放送時代に手がけた主なテレビ番組に『ガンを生きる』（民放連賞最優秀賞）『出所した男』（芸術祭優秀賞）などがある。著作に『自白の理由』『冤罪をつくる検察、それを支える裁判所』。

テレビの可能性へ挑戦

曽根英二（阪南大学国際コミュニケーション学部教授）

「天王寺の通天閣は一〇〇歳。その年スカイツリー誕生」と地下鉄御堂筋線の車両広告に文字とイラストが踊る。デジタル放送時代を象徴する東京のスカイツリーにも大阪はアイデンティティーを忘れない。「お父ちゃん、ダイヤモンド買うてんか、ダイヤモンド高い、高いは通天閣・・・」こんな尻取り歌で悪餓鬼時代を兵庫県の姫路で育った。そんな団塊世代の私も文字通りのテレビ申し子世代、初めてテレビが家に入ったときの嬉しさは忘れない。『ローハイド』『ベン・ケーシー』、それに『てなもんや三度笠』である。一家でテレビを囲む。「さあ、勉強、勉強」と追い立てられると、イヤホーンでラジオの巨人阪神戦を聞いていた。

初めてのテレビ衛星中継を早朝に起きて見た。「記念すべき中継に大統領の死をお伝えしなくてはなりません」とキャスターの声。ケネディー大統領暗殺だった。ショックだった。同時にテレビジャーナリズムの威力を焼きつけられた。受験時代にもラジオの深夜放送、『ヤンタン』（ＭＢＳ）や『ヤンリク』（ＡＢＣ）をながらで聞いた。いずれも大阪の電波だった。放送が若者にとっての広場であった。その後三六年間、伝える側にいた。

二〇一〇年から天王寺に近い阪南大学で教えている。日々新たな放送現場と比べて、充電なく吐き出してばかりという疲労感もある三年目である。「ジャーナリズム」「テレビの可能性」などなど、放送の現場はかくも面白く遣り甲斐があるぞと煽っている。マスコミの使命やジャーナリストの役割についても口をすっぱく言っている。

先日、大学傍の串揚げ屋でゼミの学生たちと暑気払いをした。乾杯を済ませて思い思いの飲み食い、「あはは」「あーはは」「やめ」と賑やか、みんな手に手にスマートフォンを持っている。写真に撮ってアップ、つぶやき。他の者がまた応酬。SNS（ソーシャルネットサービス）が場をひとつにし盛り上げる。こんなことが始まったと進化無縁のガラパゴスの私。二〇一〇年末の授業で学生たち発表の重大ニュースの一番にアイホーン登場があった。それから一年半、テクノロジーが世界を変える。

尖閣列島沖の中国漁船体当たり映像もYOUTUBE、東日本大震災映像も多くの市民が発信者、「アラブの春」もSNSだ。

「テレビがなくても大丈夫」と学生たちの半数近くが言う。それでもドキュメンタリーを見せる。放送が理不尽を告発し、社会を変える事実を見せる。俯瞰の中から一点を凝視できるのはテレビだと。「地球村の私」を発見させてくれるのもテレビだと。お笑い感覚鋭い大阪の学生たちはコミュニケーション上手、テレビの可能性への挑戦は彼らが担うに違いない。

1949年生まれ。早稲田大学卒。山陽放送に入社。1980年から4年間、JNNカイロ特派員。ドキュメンタリー『ゴミの島から民主主義』などで多くの賞をうける。また一連の豊島報道で、第四十五回菊池寛賞受賞。著作『限界集落』で第六十四回毎日出版文化賞受賞。

番組制作者たちの声

放送は文化か…

阿武野勝彦（東海テレビ放送報道スポーツ局専門局長）

「放送は文化だ、と思う人?」東京の有名大学の一年生百人に質問した。答えは、ゼロだった。驚きを隠せず、次に予定していた「放送は芸術か?」をやめ、暫く逡巡した。そして、「テレビはジャーナリズムを担っているか?」で、話の糸口を掴もうとした。しかし、これも手を挙げたのは、一桁だった。文化活動とも、ジャーナリズムとも思われていないテレビ…。この世代にとって、放送とは、テレビとは、一体何なのだろうか。

確かに、金儲け丸出しの番組はある。ジャーナリズムの素養など持ち合わせないテレビの経営者もいる。また、そうした中で無批判に生息し続けているテレビマンもいる。こんな認識から、私は少々過剰に、自社の堕落、テレビの危機を口にしてきた。しかし、学生たちの反応は、私の大袈裟が、状況に既に呑み込まれてしまっていることを突きつけている。これは、放送人にとって、とんでもない事態なのではないか…。

四十歳跨ぎの四年間、私は営業部門に在籍していた。営業統括やネットワークなどを担当したのだが、その頃、報道や制作の現場を複雑な思いで眺めていた。番組を作りたいとか、何かを表現したいとか、強い意欲を感じられなかったのである。しかし、一歩引いてみれば、現場時代、自分がそれ程のことができていたかというと、そうでもない。現場を出された腹いせに、「今の若いものは…」的な考え方を持ち始めてしまったと反省した。その反省が、一つの発言を導き出した。「どんな圧力があっても、報道は侵せない」。そう営業部門で言い続けることだった。自分の口から出るこの言葉と、その波紋を見つめるうちに、テレビの「伝家の宝刀」が何かが分かり始めた。

経済が大きく変動する度に、テレビは内と外から揺さぶられる。今もその真っ只中だ。状況に敏感なのはいい。しかし、敏感すぎると思考と行動はブレやすくなる。多様なモノの見方を提示し、そして、多様な生き方を許容する社会を作るために、テレビは、柔軟で強固な経営基盤と、言論機関としての哲学が不可欠である。そうした根っ子が経営者になければ、現場は地雷源と化す。しかし、どうあれ、今の放送の中身を決めるのは、一人一人のテレビマンだ。悲憤慷慨は程々にして、奮闘を続けることだ。放送を豊潤な文化世界に高め、そして、揺るぎないジャーナリズムの礎を構築する。その使命は、今ここにいる私たちにある。


1959年生まれ。同志社大学卒。東海テレビ放送に入社。アナウンサーを経て、ドキュメンタリー制作に。主な作品に『村と戦争』『とうちゃんはエジソン』『約束〜日本一のダムが奪うもの〜』『裁判長のお弁当』など。2010年、日本記者クラブ賞、2012年、芸術選奨文部科学大臣賞。2011年からは『平成ジレンマ』『死刑弁護人』などで、テレビドキュメンタリーの劇場公開に取り組む。

日本における「放送」の今後

春川正明（読売テレビ報道局解説副委員長）

自分と違う意見は徹底的に批判し、特定の敵に対してその存在自体を認めない様な攻撃を繰り返す。どこかの首長の政治姿勢を批判しているのではなく、意見の分かれる事柄に対して異なる意見を許さないような、最近の風潮を危惧しているのである。

社会保障と税一体改革関連法案について、私が会社の公式ホームページで毎日書いているブログで取り上げたところ、読者から以下のようなコメントが寄せられた。

「マスコミは全ての情報を伝えるだけで、後は視聴者が判断すれば良いのに、『〜ですよね』と決めつける報道ばかり」、「あなたの言ってる事全然違います。（中略）解説が仕事なら正しい事をテレビで発言すべきだし、よく見て勉強したら?」、「真っ先に国民の信を問うべきはマスゴミ。（中略）早急にマスゴミから引退しなさい」。

マスゴミ、嫌な言葉である。ネットを中心に残念ながら最近よく目にする。厳しいコメントを読む度に、解説委員として更なる研鑽を積まねばと思うが、私に対してのみならず既存のマスコミ、特にテレビ報道に対して辛らつな意見を聞くことが多い。

メディアについて大学で学生たちに教えている時に、「テレビを作っている人間は、テレビの影響力の大きさを自覚していない」と他人事のように言っていたのだが、いまその言葉が自分自身に跳ね返って来ている。

「何様や」、「上から目線」とまた批判されそうだが、ジャーナリストとしてこの仕事を今までやってきたのは、健全な民主主義を守りこの世の中を少しでも良くしたいという思いからである。そしてもう一つ、報道の仕事に携わっていて大切にしているのは、「関西からの発信にこだわる」ということである。ヒトもモノも情報もお金も、東京に一極集中している現状で、東京から発信される情報や考え方について、「ちょっと待ってよ、それ違うんちゃう?」とどれだけ言えるかが勝負だとさえ思っている。

大阪から全国に放送している報道番組のプロデューサーをやっていた時には、番組内容も出演者の人選も、東京キー局とは同じことをしたくないという思いだった。そして今、大阪発の全国ネット番組にコメンテーターとして出演しているが、やはり「大阪から見たらこう見えるけど」という目線を大事にしたいと思っている。

最近、こうした思いがまた強くなってきたのはなぜかと思うと、やはり前述したように「自分と違う意見は許さない」といった風潮が強まって来ているからではないかと思う。
様々な考えの人がいて、色々な意見があり、それをお互いが尊重するのが健全な社会である。それを実現するためにも、今後も関西から全国に向けて、ちょっと違った見方を発信し続けていくことが出来ればと思っている。

1961年生まれ。関西大学社会学部卒。読売テレビに入社し、編集マン、報道部記者、ロサンゼルス支局長、番組CP、報道部長などを経て、2007年より現職。『情報ライブ　ミヤネ屋』に出演中。

「文化」になる番組

岸本達也（静岡放送浜松総局報道部）

静岡で就職するまで関西に生まれ育った私の家庭には、テレビにまつわる一つのルールがあった。

「視聴は一時間まで」。まだ小学生だった頃、母親からよくそう躾けられた。見過ぎはよくないのだという。特に食事中は厳禁だった。なんのことはない、学校の先生からそう言われたとのことで、特に明確な根拠などなかった。私がいまテレビの世界にどっぷり浸かっていることからも、かなりいい加減な家庭教育だったと思う。そんな岸本家のルールにも二つの例外が存在した。
土曜日の昼時。学校は半ドンで帰宅すると家族揃って昼食をとるわけだが、なぜか禁止されていたはずのテレビがいつもついていた。『吉本新喜劇』の放送である。「ごめんくさい」、「大阪名物パチパチパンチ」、「神様～！」。皆、食事を口に運びながら、ケタケタと笑っている。二つ目の例外は夕食時。ブラウン管には常に阪神戦が映し出されていた。チャンスやピンチを迎えると、皆、箸が止まり、それを越えると、また動き出す。そして決まって母親が「もっとちゃんと振らな」などと評論を始めるのである。

もちろん、吉本や阪神は「一時間」にカウントされない。例外はごく自然に、家族間の共通認識になっていた。土曜日の集団下校時、友達との別れ際、「あとで遊ぼ」の「あと」は『吉本新喜劇』の放送終了を指し、月曜日の登校時、真っ先に話題になったのが週末の阪神の戦いぶりであった。およそどの家庭にもそうした「文化」が見られた。

仮にここで「文化」を「それとは意識しないが、必ずそこにあるもの」と定義する。現在、「文化」と呼ぶに相応しい番組があるだろうか。インターネットの台頭でテレビ離れが進む中、番組も改編ごとにころころと変わる。あっという間に消える。その指標は視聴率ということになろうが、果たして目の前にぶら下がる人参だけを追っていていいのか。そんな短絡的なことでいいのか。番組が文化になり得るためには、大いなる理念と少しの辛抱、そしてなにより視聴者とともにコンテンツを育んでいく時間が必要なのだと思う。

今夏、実家に帰省すると母親がぼやいていた。「最近の阪神、もう負けてばっかり」。ぶつぶつ言いながらもチャンネルは変わらず「そこにあった」。こうなると、もう怖いものなしである。関西が育んできた土着性、日本の放送の今後を考えるうえで、大切なヒントが隠されているような気がしてならない。

1974年生まれ。同志社大学文学部卒。静岡放送に入社。手がけた主な作品に『180枚の自画像〜夭折の画家・石田徹也〜』（地方の時代映像祭優秀賞など）『日本兵サカイタイゾーの真実〜写真の裏に残した言葉〜』（民放連賞最優秀、地方の時代映像祭グランプリ、芸術祭優秀賞など）。著書に『写真の裏の真実』。

日々の番組がリクルーターである

今野　勉（演出家・テレビマンユニオン取締役・最高顧問）

放送の今後に触れる前に、テレビ制作者としての私の現在に触れておきたい。

いま私は、3D（立体映像）でドキュメンタリー番組を作っている（二〇一二年八月現在）。人間の眼の立体感覚を模しているはずのこの3Dの立体感は、私たちの肉眼でのそれとは別の立体世界を私たちにもたらしている。

この3Dが今後の（すなわち、未来の）テレビの常識となるのかどうか、私には予測ができない。

少し前に、インターネット放送のユー・ストリームに「思想としてのテレビ」というテーマで出演した。そこは、テレビの原初的な放送そのものであった。最先端の「放送」の現場は、かつてのテレビの懐かしい風景と重なって見えたのである。

考えてみれば、私は、テレビの未来の形についての正しい予測に出会ったことがない。

テレビは、常に、私たちの予想を超えて変化してきた。今、私たちは、インターネットやケータイやスマホなどの通信の世界と、文目《あやめ》も定かでない境界線を共有している。この状態を誰が十年前に予測したであろうか。

五十年を超える制作現場の体験が、私にある一つの仮説を教えてくれている。テレビの未来のあるべき姿を語るのは無駄である。私たちが考えるべきは、過去にも現在にも共通したものは何か、それは未来でも同じであろう、ということである。

答えなら知っている。制作者の志のことだろう、という指摘は、ある意味で正しい。しかし、私は志論を取らない。番組が番組として成立するかどうかは、必ずしも志の有無と関係がない。ナンセンスなバラエティ番組に志が無いとは言えず、シリアスなドキュメンタリーの志に辟易することもある。

放送とは、そうした番組を全てひっくるめた総和のことである。言葉を変えて言えば、放送とは制作者の能力の総和のことである。

そう考えると、放送の今後についての提言は簡単なものになる。優れた制作者をどれだけ迎え入れられ、育てられるか、が放送の社会的価値を決める。このような提言は誰にでも言える。問題はここからである。

優れた能力を持つ人材は、どの様な動機でテレビ界を目指すようになるのであろうか。それは、日々見聞するテレビ番組の中で自ら作りたいと思う番組に出会うことによってである。

番組は、ただ現在の視聴者の関心を惹くために作られているが、同時に、テレビの未来を担う次世代制作者のリクルーターの役割も果たしていることを、忘れてはならない。現在の視聴者を掴むことが、未来の制作者を失うことにならないようにするには、どうしたら良いか。これが私の問題提起である。


1936年生まれ。東北大学卒。ラジオ東京（現東京放送）に入社。『七人の刑事』などを演出。1970年、テレビマンユニオンの創立に参加。現在、同社取締役。ドラマやドキュメンタリーの世界で、テレビ的表現を追及してきた。ドキュメンタリードラマ・NHKスペシャル『こころの王国～童謡詩人金子みすゞの世界』で芸術選奨文部大臣賞など。著書に『テレビの青春』など。

在野・反骨精神の復活を！

三上智恵（琉球朝日放送）

一九八七年から八年間、毎日放送に育てて頂いた私は、ライフワークである沖縄民俗学への思いと、小規模局にこそ放送の醍醐味があるという某先輩のアドバイスを胸に、一九九五年開局の琉球朝日放送に移籍した。折しも米兵の少女暴行事件で沖縄中が怒りに震え、知事が基地の使用手続きを拒否して日米安保が揺らぐ、その局面が私の地方局人生のスタートとなった。歴史・民俗探訪番組を作る夢は棚上にして基地問題の取材に奔走し、戦争や復帰の傷跡を辿り、ドキュメンタリーにすることが私の使命になった。

まさに沖縄は、日本という国の亀裂がむき出しになって、ドクドクと血を流している土地だ。県民の安全や人権より日米安保を優先させる政府によって、沖縄は何重にも見捨てられてきた。そんな沖縄県民に向かってローカルニュースを伝える作業は、無難な中立概念に逃げることを許さない、日々、己の立ち位置を問い続ける作業であった。

日本中央の利益が、沖縄の利益と一致しないことはままある。北朝鮮のミサイルに対しPAC3を沖縄各所に配備する今年二月の騒ぎも、キー局は「備えあれば憂いなし」と軍備強化をあおった。尖閣問題が注目される度「南西諸島が丸腰なのはいけない」と世論が誘導される。しかし、国境の島々には、大きな代償を払って得た教訓がある。沖縄戦では軍のいた島ほど犠牲が大きかった。そして軍隊は沖縄を守るために駐留していたのではなかった。あれからずっと日米の軍事的植民地状態にある沖縄では、近隣諸国の脅威をあおる全国放送の後、ローカルで「軍備強化に走って築きあげた友好を台無しにせぬよう、冷静さが必要」という視点で報道し直す必要がある。軸足を沖縄に置けば、ネットが垂れ流した中央の価値観を否定せざるを得ないこともある。

中央と周辺、権力者と弱者。その二項対立の中で、常に中央・権力のやることを疑ってかかれという在野精神は、報道の仕事を始めた毎日放送時代に培われた。大阪の報道マンはことあるごとに東京の全体主義的な報道姿勢を批判し、気骨ある「関西風の報道」に誇りを持っていた。ところが昨今の在阪局はどうだろう。記者会見で大阪市長に「ここは議会じゃない。記者に答える義務はない」と言われて黙っている記者ばかり。君が代の唇チェックなどと言う監視社会に大きく振れたことへの危機感も薄く、そこに切り込む女性記者が個人攻撃に遭っていても、黙ってパソコンのキーを叩き続けている在阪ジャーナリスト達の姿を見て、大阪の反骨精神も地に落ちたと愕然とした。

権力の監視こそがジャーナリズム最大の使命である。お上のやることを疑い、風刺して庶民の力に変え、決してひるまない。それが関西文化に根ざした大阪発の放送局の誇りではなかったのか。東京一極集中で失われるものがある。その大切さをどこよりも知り、豊かな表現手段で対抗してきたのが準キー局ではなかったのか。

放送の歴史の牽引役を務めてきた毎日放送を誇りに思うOGとして希望を言えば、庶民感覚と在野精神で権力と対峙する関西伝統の反骨精神こそ、今、大事なことほど地上波が伝えないと揶揄される地上テレビ局の劣化を食い止める、他地域にはない、太く根を張った力だ。その復興に期待するものである。

1964年生まれ。成城大学文芸学部卒。アナウンサーとして毎日放送に入社。1995年琉球朝日放送の開局とともに両親の住む沖縄に移住。以後17年にわたって夕方のローカルワイドのキャスターをつとめる。沖縄国際大学大学院で南島文化を専攻。『英霊か犬死か〜沖縄から問う靖国裁判〜』で石橋湛山記念早稲田ジャーナリズム大賞。2010年度放送ウーマン賞も受賞した。

情報を文化に昇華させてこそのメディア

溝口博史（北海道放送常務取締役）

『番頭はんと丁稚どん』や『やりくりアパート』は、北海道の子供にとって『名犬ラッシー』と同じくらいエキゾチシズムにあふれた番組だった。関西弁や大阪の笑いを初めて知り、日本列島の広さと多面性を教えられた。今は、京都が舞台のドラマでも出演者は誰ひとり京言葉を話さない。科捜研の研究員しかり、京都地検の女性検事しかり。テレビ番組から関西文化圏のエネルギーと個性が失われて久しい。全国放送のほとんどの番組は、放送局もタレントも東京一極集中で制作されている。この状況で、放送文化の発展は望めるのだろうか。

日本各地に、それぞれの風土、文化、生活に立脚した放送局があり、そこで制作されるテレビ番組は東京のそれとは自ずと視座が異なる。ものを見る目が違うから、多種多様なテレビ番組が作られ、彩り豊かな社会が育まれていく。草創期にあった放送文化の多様性をもう一度取り戻したいと思う。例えば、北海道にいると、台風や梅雨前線が日本列島を北上してくるのが見える。だから、事象をじっくり観察して特徴を見極めることができる。その目で国会や霞が関やＡＫＢを眺めると、在京メディアとは違う見方ができる。これが北海道特有の文化と価値観を生み出してきた。地方局が制作する異質な視点や感情を持つ番組がこれからの日本に必要だ。新橋駅前のインタビューばかりでは何も始まらない。

テレビ六十年の歴史は、地方の過疎化が進み地方文化が失われていった時代と重なる。しかし、ネット社会が地域による情報格差をなくし、通販の拡充とあいまって、狭い都心に集住する意味がなくなった。これからは、人々が地方に戻ってくる。生活の利便性を高める情報通信サービスはますます発達するだろうが、それは、その分野を得意とするメディアに任せてもいい。放送は情報の洪水に掉さすことをやめ、文化に比重を置いたメディアにメタモルフォーゼしてはどうか。

私たちには、他のメディアにない取材力と制作力がある。日々の1分ニュースからジャーナリスティックなドキュメンタリーを作る。吹雪の日の交通情報から珠玉のドラマを発想する。写メールから新たな番組様式を生み出す。情報を情報のまま垂れ流すのでなく、情報を文化に昇華させてこそのテレビ・ラジオではないか。地方分権ならぬ地方文圏を大切にしたい。一度壊してしまった文化圏を蘇生させるのは、放送事業者の逃げてはならない使命だ。

1952年生まれ。慶応大学卒。北海道放送に入り、『大草原の少女みゆきちゃん』『童は見たり』『第九を歌った町』『風吹くままに～俵万智の大雪山歌紀行』など数々のドキュメンタリーを手がけ、北海道から全国放送。芸術祭放送個人賞など受賞多数。

癒し役をしてきたテレビ

中崎清栄（テレビ金沢）

午前四時、暗い玄関先で、着替えや食料を抱えた彼女は、私たちの到着を確認すると車に乗り込み、脱兎のごとく走り出した。行く先は山。

化学物質過敏症を発症してから朝逃げと称して、農薬散布期間の約三週間、避難を続けている。避難場所は風の音も不気味な林の中、「ここに夕方まで？」とあたりを見回すと「今日は連れがいる」と笑顔で武勇伝？「何度か熊と出会った」と語り、「シートを倒して寝ていると突然ノックされ『生きているか？』と声をかけられた」と笑う。そして「江戸時代に生きたかった」とポツリ。

「新建材が肌に刺さる」とレストランもホテルもＪＲも利用できないだけでなく、嫁ぎ家の床下に撒かれたシロアリ駆除剤で体調を壊してからは、やむなく実家暮らし。夫は自宅と妻の実家を行き来していると言う。

「なぜ発症？」には、「人にもよるが化学物質の吸収が一定量を超えると突然、発症するようだ」と話すので、花粉症に悩む知人が増えた事も思い出し、「これからこんな人が増えるのでは？」と気にかかる。

「なぜ取材を受けようと？」には、「農薬散布を減らして欲しいし、こんな人間がいることを知ってもらいたいから」と答える。

伝えるにはテレビ！　と期待してくれるだけに、誠意をもって取り組まなくては、と思う。

これまで様々な人と出会ったが、私の原点になった人と言葉がある。

それは、軒先に白足袋が干された家で一人暮らす妙齢の婦人だった。

都会に住む孫たちの写真があどけなく笑っているテレビの前で食事をし、休むといった具合で、テレビの音が聞こえれば、在宅のしるし。

晴れやかな表情で「よく来てくれた」と語った後、「私ね、朝から誰とも話してないときは、テレビに話しかけるのよ」と言った。

この方のように「テレビのない生活は考えられない」を、これまで何度聞いた事か・・・。

「面白くない」とか「つまらん！」と悪口を言われながらも、暮らしに深く入り、慰め役をしてきたテレビ。

時代がどう変わろうと役目は変わらないし、弱い人ほど必要としている事を確信するだけに、「テレビを見ない」と公言する人には、「でも必要としている人は多い」と言いたい。

核家族化や高齢化が進み、今までとは違う番組の作り方や役割が求められている。

原点に立ち返り、ひたむきに、ひたむきに・・・模索するしか道はない、と考えている。


1964年、北陸放送入社。アナウンサーのあとドキュメンタリー制作を手がけ、『ここより行く所なし』で芸術祭優秀賞など。定年後テレビ金沢に移籍。『田舎のコンビニ』で日本放送文化大賞準グランプリ。『笑って死ねる病院』は書籍化も。2004年、放送文化基金個人賞受賞。

放送は「過去」をクリックして「未来」につながる

七沢　潔（NHK放送文化研究所）

ラジオに続いてテレビが集客力（リーチ）でインターネットに追い越され、「メディアの王座」から陥落するのは時間の問題だろう。従来の意味における放送は、かつて新聞や雑誌がそうなったように、オールドメディアと呼ばれはじめている。

「青春期」だった一九七〇年代に「お前は、ただの現在に過ぎない」とまでいわれて肯定された「疾走感」や「万能感」は急速に薄れ、民放では広告収入が減少し、若者のテレビ離れを前に、NHKの受信料収入の未来も明るくはない。

ところがそんな話も、今年がテレビの放送開始から六十年といわれると妙に納得がいく。

「なんだ、還暦だったんだ」

「誰でも永遠に若くはない」

三・一一後、原発事故について自前の情報を出せないテレビに愛想をつかしてネットサーフィンする人が増え､官邸を取り巻く「原発再稼動反対」市民デモの取材も、テレビは動きが緩慢でネットに先を越された。もしかして、これも「老化」と関係があるのでは・・・と思えてくる。

　では、どうしたらよいのだろうか？

　実現可能な未来を夢見る「賢い老人」になることだと思う。一つのキーワードは「アーカイブ」。顧みられることは少なかったが、実はこれまでの六十年でテレビ局は十分な資産を形成している。ＮＨＫアーカイブスだけで八十万本近い番組と五百万近いニュース映像が保管されている。用途が番組での二次利用などに限定されてきたこれらの映像には、この六十年間に日本と世界で起きた様々な出来事、人々の暮らしの変化、自然や文化の営みが、肉声や色彩、表情を交えて記録されている。

　ＮＨＫ放送文化研究所は二〇一二年秋、早稲田大学で「ＮＨＫアーカイブスで学ぶ沖縄現代史」という実験的な講座を立ち上げた。学生はネット上につくったサイトで、教材（テキスト）としての沖縄関連番組をあらかじめ視聴し、授業後もさらなる関連知を求めてサイトにアクセスする。彼らは番組映像を通じて沖縄を身近に感じながら学び、将来日本と沖縄の間の「差別的」な関係の歴史を変えるかも知れない。あるいはテレビ番組がもつ魅力を改めて認識し、視聴者席に戻ってくるかも知れない。

　ネットの力を借りながら、若者による視聴学習と検証を通じてテレビが「過去」の映像記録をあらためて「社会的記憶」へと変換し、「未来」を紡ぎ出す礎となることをめざす。そんな試みが、いま始っているのだ。

1957年生まれ。早稲田大学卒業後、ＮＨＫに入局。原発、沖縄などをテーマにドキュメンタリー番組を制作。『化学兵器』でモンテカルロ国際テレビ祭特別賞、日本新聞協会賞、『ネットワークでつくる放射能汚染地図』で芸術祭大賞､日本ジャーナリスト会議大賞などを受賞。著書に『原発事故を問う』『東海村臨海事故への道』など。雑誌『世界』に連載した「テレビと原子力」で科学ジャーナリスト賞を受ける。

地域の活性化に役立つ「放送」

大山勝美（テレビプロデューサー・演出家）

「地域の価値をたかめ、地域の活性化に貢献するメディア」――『放送』のこれからの使命を、私はそう考えたい。

ＩＴ化時代、メディアの個人化がすすむと「放送の役割」は減退するとの予想があった。快適と便利さを追いかけた日本は、二〇〇〇年代に入り年間三万人の自殺者、高齢者の孤独死を生み、地方では過疎少子化が限界集落をふやし、地域共同体の崩壊、人間関係の寒冷化が指摘されていた。

だが二〇一一年の三・一一東日本大震災と原発事故は、日本と日本人を変えた。被震地で大活躍したのは、ラジオ、テレビの「放送」であった。東北各局に系列局から応援がかけつけ、総力をあげて被災者に密着した震災報道、安否情報を親身になって放送した。

「放送」が軸になって、人びとを励ましいやし、「絆」の大切さを確かめあい、地域共同体の再生に貢献し、再評価されたのである。

「番組と地域おこし」に関しては、鹿児島県鹿屋市の過疎高齢化集落「柳谷」の再生記録『やねだん～人口３００人、ボーナスの出る集落』（南日本放送）はＤＶＤ化され、「やねだん」の見学者は日本全国さらには韓国、中国からも殺到しつづけている。

「北海道テレビ」は一九九七年から「北海道アワー」を東アジアに衛星放送で流しはじめた。雪、牧場、温泉、熊の親子。台湾を中心に人気が爆発、放送開始時五万人のアジアの観光客が二〇一〇年には三十万人近くにふえている。

地域を活性化させるのは、住民ディレクターによる手づくり番組だと元民放マンの岸本晃氏は全国をとび回っている。熊本の山江村からスタートし、現在は福岡県の東峰村のＣＡＴＶを拠点にして活動している。

二〇一二年五月、二十年かけて育てた住民ディレクターの番組を、三十カ所のコミュニティTVをつないで五時間のインターネット放送を実現した。岸本氏は、高齢者、主婦、子供たちがわいわいと番組をつくるプロセスが地域を活性化し、各地からの映像による「見える化」現象で共通の課題を発見し、協力して解決への行動力が生まれるという。

各地放送局は、住民ディレクターの活動を支援し、番組でも紹介し、地域のいきいき化に積極的に連携しあっている。

環境、エネルギー、食糧などの課題が進むなか、日本再生のカギをにぎるのは、地方の風土、資源、マンパワーを含む潜在力である。

地方の「放送局」は、東京の情報文化の単なるうけ皿ではない筈だ。地域住民の生活、文化に貢献することがまず優先さるべきである。

「放送」は何よりも地域に根ざし、地域の価値をたかめる公共財である。「放送」はITを含め、あらゆる通信、交流のツールと連携して、地域と住民をいきいきさせ、共同体を再生する中心的メディアでありたいと考えている。

そのとき、一極集中の「東京」とは異なる発想と方法論が必要だ。地域の多様な暮らしと文化を活性化するローカリズムセンターの役割りは、「関西局」こそがになうべきであろう。

1932年生まれ。早稲田大学法学部卒。ラジオ東京（現東京放送）に入社。手がけた主な番組に『岸辺のアルバム』『ふぞろいの林檎たち』『蔵』『天国までの百マイル』など。1992年、KAZUMOを設立し、代表取締役社長。放送芸術学会副会長。著書に『私説　放送史』『テレビの時間』など。

在阪民放局への期待

澤田隆治（テレビランド社長）

在阪民放局の制作するテレビ番組が、東京地区の視聴率ベスト20の表から消えて久しい。

かつては『番頭はんと丁稚どん』『てなもんや三度笠』などの上方コメディが、『細うで繁盛記』『お荷物小荷物』『必殺シリーズ』などのドラマがテレビに活力を与えていた。

ラジオの『蝶々・雄二の夫婦善哉』から始まった聴取者参加番組がテレビ時代になって『パンチDEデート』『新婚さんいらっしゃい』『プロポーズ大作戦』『ねるとん紅鯨団』『探偵！ナイトスクープ』といった大阪のテレビ局ならではのトークバラエティというジャンルを創造し続けてきた。そして一九八〇年からはじまった漫才ブームから『M1グランプリ』までヨシモトブランドをテレビ媒体の中で確立し、バラエティというジャンルだけでなくドラマでもお笑いタレントの能力を発揮させてきた三十年であった。そしていま　テレビから大阪らしい番組が姿を消している。その原因を東京一極集中という流れや大阪経済の地盤沈下に求めるのはイージーにすぎるのではないか。

五十五年間、テレビにかかわり、三十五年間は東京のテレビ現場から大阪のテレビ番組をみてきている私の体験から、こんな時にはとんでもないパワフルな番組が誕生するという予感がする。去年から今年にかけてNHK大阪の朝の連続テレビ小説『カーネーション』が、パワフルな大阪を久しぶりに感じさせ次第に視聴率を上げ、いまの「梅ちゃん先生」へつないだ。朝八時から連続20％をこえる連続ドラマは、「おしん」以後頑張ってきた民放の朝の情報番組に影響を与えつつある。こうした動きの中からも在阪民放局がこれに続く番組を生み出す期待感を私は感じている。

ただ、一つ懸念があるとすれば、東京にくらべて、テレビのソフト産業を支える制作プロダクションのパワーにかげりがみえることである。どちらかといえばテレビ局のプロデューサーのパワーが上回っているように感じる。特に朝日放送、毎日放送の持枠での制作陣の頑張りが目立つ。讀賣テレビ、関西テレビの動きが鈍く感じられるのは、東京キー局のパワーが上回っているからではないだろうか。

いまテレビメディアの衰退を活字メディアが書きたてているが、これからのソフト制作陣の頑張りがあれば、テレビメディアはパワーも支持も失わないと思っている私は、制作プロダクションの仕事の場であるローカル枠、深夜枠、そしてそこで新しい才能を発揮するタレントに注目し続けるのだ。


１９３３年生まれ。神戸大学文学部卒。朝日放送に入社。ラジオやテレビの番組制作にたずさわる。１９７５年、東阪企画設立。日本映像事業協会会長。放送芸術学院専門学校長。手がけた主な番組に、『てなもんや三度笠』『新婚さんいらっしゃい』『ズームイン！！朝！』『花王名人劇場』など。著書に『上方芸能列伝』『決定版私説コメディアン史』など。

「お笑い」再考

澤田隆三（毎日放送報道局）

見たいテレビ番組がない。

五十を超えたいま、友人や知人からそうした声をよく聞かされる。テレビ局に勤めているわたしに「もう少し、大人が見たい番組を作れんのか」という叱咤である。

この言葉の裏に、昨今の「お笑い」番組への不満があるのは明らかだ。わたしはこの世界に入って報道番組以外つくったことがない。バラエティ番組については門外漢であるが、ここは傍観者の目で現在のテレビの主流をなす「お笑い」番組について考えてみたい。

小学生のころ『巨泉×前武のゲバゲバ90分！』という番組が大好きだった。毎週火曜日が待ち遠しかった。記憶の中でナンバーワンの番組はと問われれば、まちがいなく「ゲバゲバ」である。『８時だョ！、全員集合！』も楽しみにしていた番組だが、同番組がいかに知恵と手間と時間をかけていたかは、最近の業界でよく語られる話だ。

ひるがえって現在の「お笑い」番組である。これが、笑えないのである。テレビを見ていて思うのだが、いまのタレントたちは気の毒だ。一発当ると短時間で大量に「芸」が消費され、あっという間に賞味期限が切れる。次から次へと新たな「芸」が製造されてゆくが、ほとんどが同じ運命をたどりテレビから消えてゆく。

生き残ったタレントたちはもう「芸」を披露しない。今度はスタジオに並べられ、司会者の突っ込みに気の利いた〝ワンフレーズ〟が求められる。この「一瞬」の話芸?がタレントの最大の勝負どころ。ここで認められれば、いろんな番組からお声がかかる。いきおい、自己アピールの場となり、がやがやとうるさい。チャンネルを変えても同じ顔が並ぶ。いい大人たちは、見ていてうんざりしてくるのではないか。そもそも「芸」はどこへいったんだと。

しかし、これはタレントの側に落ち度があるのではない。番組制作者の問題である。さらにいえば、局の経営の問題ともいえる。テレビ局が視聴率を追求するのはやむを得ないけれども、目先の数字にあまりにもとらわれすぎているのではないか。その象徴がいまの「お笑い」番組作りだと思えてならない。いいものを作り育てるにはある程度時間がかかる。投資が必要だ。テレビ局はいま以上に時間をかけ、番組演出を通してタレントを育てる発想がいると思う。このままタレントの短期集中消費を続けていると、「お笑い」はやがて行き詰る。いま必要なのは、テレビ人が数字の呪縛からひとまず解放され、じっくりと自由な発想で笑いを創造することではないだろうか。

その伝統が息づいているはずの関西の局こそがまず、笑いの再生を「放送文化の再生」と位置づけて取り組むべきだと思う。

1961年生まれ。関西大学卒。毎日放送に入社。大阪府警や司法担当記者を経て、ドキュメンタリーの制作にあたる。1997年に制作した『ふつうのままで～ある障害者夫婦の日常』は第27回国際エミー賞最優秀賞を受賞した。その後、ローカルニュース『ＶＯＩＣＥ』編集長などを経て、現在は報道局ニュースセンター長。

東京タワーの賞味期限

重松圭一（関西テレビ放送）

『最終回前のラストロールのラストシーン、ライトアップされた東京タワーをバックに主役とヒロインが抱き合う。そしてキスする寸前でＣＭ、ＣＭあけ最終回予告』

トレンディドラマ全盛期、『視聴率の取り方・ドラマ編』という教科書の『効果的な東京タワーの使い方』のページにはきっとこう書かれていたであろう。あれから二十数年間、『東京タワー』は何千回いや何万回と日本中のテレビモニターに登場してきた。私たちテレビが醸成し続けてきたテーマ、『都会への憧れ』の象徴として『東京タワー』は機能し続けてきたのである。もちろん私も上京して一番に最初に行った場所は『東京タワー』である。

私たちは東京で制作し全国に発信するという〝東京一極集中エンターテイメントシステム〟に慣れすぎてしまった。このシステムに内在する「個性溢れるローカリティは排除され最大公約数的な興味や面白さだけが優先される」という決定的な欠点を見て見ぬふりをして、表向きは〝日本中で楽しめる〟、裏を返せば〝画一的で個性の薄い〟総花的エンターテイメントを量産し続けてきた。その象徴が『東京タワー』なのである。冒頭のシーンのような『地方の人はみんな東京に憧れてるんでしょ』的上から目線なモノづくりを視聴者に押しつけ続けてきたのである。

いま、その反動が来ている。スマホの爆発的普及により今や何よりも身近になったネットを駆使し、家でも外出先でも、自ら興味のある〝映像〟だけを探し求めている。ゴールデンタイムにテレビの前で総花エンターテイメントを心待ちにする時代ではない。東日本大震災後、あらゆる物事の一極集中へのリスクヘッジが叫ばれる今日こそ、この『東京一極集中エンターテイメントシステム』からの脱却を、私たち作り手は真剣に考えるべきではないだろうか。

自戒もこめて断言しよう、『東京タワー』の賞味期限が切れたのである。

『東京タワー』がいろんな役目を終えた二〇一二年、これからのエンターテイメントは『地元の時代』である。『地方』ではない『地元』である。地元で制作されたエンターテイメントを地元の人たちがお金を払って楽しむ。スポンサーがその地元の人たちに楽しんでもらうためにエンターテイメントにお金を出す。そして、そのお金がより質の高いエンターテイメントを創造する。『エンターテイメントの地産地消』。日本のあらゆる『地元』において、このサイクルが確立されることが、これからの日本のエンターテイメントを支えると私は思う。

（スカイツリーが見える〝関西〟テレビ〝東京〟支社にて）

1966年生まれ。慶応大学卒。関西テレビに入社し、営業、編成を経て2003年『僕の生きる道』（草彅剛主演）でドラマプロデューサーデビュー。関西テレビ50周年記念ドラマ『ありがとう　おかん』で民放連賞優秀賞を受賞。現在はコンテンツセンター・コンテンツ事業部企画担当部長として主に映画を企画プロデュース。代表作に『阪急電車』。

テレビの行方

吉永春子（ジャーナリスト）

十八年間ＴＢＳで深夜に放送していたドキュメンタリー番組を終えることにしたのは、三年前のことだった。スタッフも私も疲れ果てた結果だった。

ふりかえると十年以上前から、めんどうなことが増えてきていた。その筆頭が視聴者からのクレームだった。こうした種類のことには或る程度慣れていたが、以前とは違っていた。チラリとその本人の顔が画面に撮し出されただけで、「どうしてくれる」と私達のオフィスに電話をしてきた男性がいた。あわてて画面の隅から隅迄見ると、遠くの方に一瞬映っていた。丁寧にあやまって事無きを得たが、それ以後は放送前のテープのワンカット、ワンカットをくいいる様にチェックすることにした。

丁度その頃だったか、ＴＢＳの報道局の人達と話し合う機会があった。その場で溢れる様に出た発言がクレームの問題だった。「俺の家の看板が勝手に撮された。どうしてくれる」。私はその一つ一つを聞きながら、答えるすべもなくただ黙っていた。

プライバシーの問題がじわじわとマスコミに迫って来たその頃、弁護士の人達の会合で「プライバシーが大事か、報道が大事か」と問われ、とっさに「報道だ」と答え嘲笑の声が、もれた。

うつうつたる気分におちいっていたころ、関西のＴＶ局のドキュメンタリー番組を見る機会に恵まれた。最初は、二〇〇七年放送の番組で力作が揃っていたが、中でも極立ったのがＭＢＳの『問われる部落解放運動』だった。

非常に難しいテーマに対し、疑惑を突きつけるべく取材をつみ重ね、証言も次々と用意し放送にこぎつける。その勇気ある態度に私は言葉を失った。これがドキュメンタリーなのだと思った。

翌年の番組もよかった。大会社勤務の夫の死に不審を抱き、過労死の認定に迫る妻の戦いのドキュメンタリーだが、大企業を相手にこれ又腹の坐った作品だった。

二〇〇九年の足利事件のDNA鑑定のテーマは鑑定の問題を世に投げかけた。

この三本の番組は各々新たな動きを起こしたのだ。大阪から帰る新幹線の中で、関西のこの力がこれからの放送を創りだしてゆくのではないかと考えた。

1955年早稲田大学卒。ラジオ東京（現東京放送）に入り、報道局勤務。主な作品に全学連と右翼の関係を追及した『ゆがんだ青春』、『ルポ松川事件の真犯人』など。『魔の七三一舞台』はワシントン・ポスト紙にも掲載された。

第3部　論考

「報道職」不在が問うローカル放送局のあり方

林　香里（東京大学大学院情報学環教授）

はじめに

この本を手に取られる方々にとっては、いまさら指摘するまでもないことかもしれない。しかし、「地方の放送文化を考える」ことを趣旨とする本書で、ぜひこの話題を取り上げたい。それは、日本のほとんどの民放系列放送局には、営業から編成、報道まで、テレビに関することなら何でもこなす「テレビマン」は育てるが、専門職としての「報道職[1]」がないことだ。言い換えれば、ローカル放送局には報道という仕事はあるのだが、それを担う職業（キャリア）がないのである。

もちろん、こうした状況には合理的根拠があることは私も承知している。それは、ローカル局の自社制作枠が平均10〜15％と非常に限定的である実態に対応している。つまり、一日のわずかな放送時間枠のために、わざわざ時間とお金をかけて記者やディレクターを育てる必要はない。この理由は企業としてのテレビ局の言い分としてはまことに筋の通ったものだ。

しかし、これもまた言うまでもなく、テレビ局は単なる私企業ではない。放送事業には、民主主義国家における表現の自由を推進する原動力となり、また、人々の知る権利に奉仕する公共的使命がある。そして、放送事業者とは、多様性と自由を重んじる民主主義社会の実現のために、国民からの崇高な負託を自律的に担う専門職集団であるべきなのだ。それを考えるならば、地方放送局に報道の専門職養成の仕組みが今日まで未整備であることは、制度としては欠陥である。以下では、このような地方におけるテレビの報道の軽視を批判的に論じ、問題提起をしたい。

メディア産業における職業研究の不毛

冒頭でずいぶんえらそうなことを言っておきながら、実は恥ずかしながら、私はローカル局での社員の採用形式やキャリア形成についてほとんど知識がなかった。それを体系的に把握したのは、ほかでもなく、高橋信三記念放送文化振興基金のおかげであった。というのも、私は、15人の共同研究者とチーム[(2)]で、基金を元手に世界66か国で実施された「報道メディアにおける女性の地位」という国際比較研究プロジェクトに参加するチャンスを得た。このプロジェクトは、日本の報道の世界における女性の地位を把握するために、代表的な新聞社ならびに放送局全8社に世界共通のアンケート調査を実施するものだった。私たちは、この国際調査のために、ローカル放送局2局の人事担当者にも「報道職」の待遇や職階ごとの男女比など、66か国共通の質問項目についてインタビューした。その際、初めて、日本のローカル放送局にはそもそも調査が対象とする「報道職」と呼ぶべきキャリアが存在しないことを知ったのだった。

それではいったい、地方ではどんな人が、いかなる職業意識のもとにニュースをつくっているのか。ここから、日本のメディア企業人事のあり方をより詳しく調査するため、国際プロジェクトに参加した仲間たちと、ひとまずテレビに絞って、企業内部のキャリアについてさらに詳しいインタビュー調査を実施することにした。

新たな調査設計をする際、こんどは国際調査ではできなかったこと、とくに欧米でつくられた概念や制度論、そしてモデルを援用するだけではなく、実際の現場の意識や実践に即した研究アプローチを模索した。そこで私たちは、職業・キャリア研究とともに、ライフコース／ライフヒストリー研究という、特殊な世界の内面的理解や解釈に役に立つ人類学・民俗学誌的な手法も参考にした。この手法を日本のテレビ・ジャーナリズムという閉じた世界にあてはめ、日本のテレビ報道分野に宿る価値観と職業倫理、つまり「プロフェッショナリズム」についての考えを深めていった。

先の「報道職女性の地位」国際比較研究の仲間たちと始めたこのプロジェクトでは、NHK、東京キー局、準キー局をはじめ、ローカル系列局、都市部の独立U局の報道部門の50代トップ管理職21名に対して、生い立ち、学歴、入社後のキャリアパス（職歴）や家庭生活について詳しく話を聞いた。あらかじめ決めておいた質問項目について、事前に送付してもらった経歴一覧表（ライフコースシート）をもとに、それぞれに二〜三時間、長いときは四時間以上に及んで管理職たちに波乱万丈のキャリアの話を聞いた。(3)

調査設計をする過程でさらに明らかになったのは、日本のテレビ界について、体系的な職業・キャリア研究はほとんどなされていないことだった。放送事業は、制度の輪郭が明確な免許事業であり、その中に、記者、ディレクター、カメラマンなどそれぞれに高度な専門性を要求される職種を擁しているわりに、職業研究が手薄であるという印象が否めない。これに対して、たとえば、官僚、教師、ソーシャルワーカーなど、ほかの専門職については、詳細なキャリア／組織研究がある（参考までに、本文末に何冊か文献を挙げておく）。なぜか。その理由を、私見として以下に書き留めておきたい。

第一に、放送業界全体が企業／会社単位で動いていて、とくに「個人のキャリア形成」という問いを立てる必要性が業界にはほとんどなく、また制度全体が暗黙の裡にそうした個人主義的態度を否定的に価値づけているからだろう。つまり、日本の放送局の世界では、組織が個人のキャリアを方向づけることは自明の理であり、たとえどんなに高度な職能が要求される部署であっても、企業社員である限り、個人は所属する組織から距離を置くような働き方や、企業の用意したキャリアパスに問題意識を抱くような生き方は奨励されない。今回のインタビューでも、報道の第一線で働く経験をもつ管理職たちは異口同音に「企業のおかげで」ここまで報道の仕事ができたと答えていたのが印象的であった。それらは、自らの力量を謙遜する修辞的な意味だけでなく、日本では報道活動が企業単位、企業ネームバリューでこそ可能となるという現実を知り尽くした実感として語られていた。放送の現場で働く者たちは、おそらくこうした感覚、そして価値観を共有しているのだろう。

第二に、これは第一の点に関連するのであるが、日本では企業を超えた「ジャーナリスト」という職能を追求する職能団体、あるいは労働組合は規模も影響力も小さく、職業実践者の連帯として機能していない。すなわち、企業という組織に対抗する別の組織が育っておらず、個人は帰属可能な組織について選択肢をもたない。したがって、アイデンティティは単線化（つまりｘｘ社の記者、△△局のディレクターなど）されて、複数の帰属間での葛藤を経験する契機をもちにくいため、わざわざ職業アイデンティティをテーマ化しようとする内発的動機も生まれにくい。加えて、ジャーナリストの職能団体の実質的不在状態は、職業研究の直接的障害でもある。他の職業では、私たちのような調査は、職能団体や業界団体、業界親睦団体などがもつ会員リストをもとに調査設計をするが、日本では「職業ジャーナリスト」の情報はすべて企業経営側が専有しているため、体系的な調査の実施が困難なのである。

第三に、放送分野の職業研究が低調な一方、業界を辞めた「元記者」「元プロデューサー」の存在は一般の職業人以上にクローズアップされる傾向があり、彼/彼女らによる組織での奮戦記の類は数多く出版されてきた。多くの場合、こうした個人による著作は、世間的に注目度の高い全国紙やキー局およびＮＨＫに対する批判だ。そして、私も含めた研究者の側も、それらを読んでマスコミの組織的内情をなんとなくわかった気分になってきた。しかし、こうした「人生一代記」的な著作は、読みものとしては興味深いが、問題もある。つまり、ジャーナリズム分野におけるこうしたエピソード的言説の主流化は、ある個別の視点から内部的プロセスを検証する虫の目には磨きがかかるが、日本社会全体から見た放送制度の全容、ひいてはグローバル化・デジタル化が進む情報化社会に鑑み、放送そのものの変動やあり方について体系的な検証をする「外部者の目」、あるいは鳥の目を曇らしてしまう。もちろん、ジャーナリズムは時代時代に定義されるダイナミックな現象であるため、企業や実践者との接点が不可欠であり、個別の業界動向を知ることは重要だ。しかし、いわゆる「業界事情」と研究成果（知見）との間に一線を画さない状況は、メディア・ジャーナリズム研究分野で体系的な社会科学的問いを立てる力量を育てにくくしてきたのではないか。かくして、業界外部から、業界の内部慣行を徹底的に、そして体系的に問い詰めていこうとする勢いは衰えていくのである。

ローカル局とローカル報道の奮闘

インタビュー調査に話を戻すと、インタビューした男女30名のうち、ローカル局報道部門の中枢に携わっている方は15名。そのうちほぼ全員が編成、営業、技術、秘書課、人事課などを20代に経験していたことが明らかになっている。中には、30代前半まで営業をして報道に移り、現在は報道の中枢にいる管理職もいた。あるいは、アナウンサーとして活躍しながら、アナウンスの仕事を超えて自らの力で報道の世界へと仕事を広げていった「記者」もいた。

私は、こうしたローカル局で育つ「オールラウンド型社員」が、専門職として力量がなく、だからローカル局がダメだ、と言いたいのではない。いや、むしろ逆かもしれない。ローカル局の場合、地元出身者が多く、地域への愛着があるため、いったん報道の仕事を任されると、ほとんどの者は時間的、金銭的、人的に限られた資源にもめげず、たいへんな努力をして番組制作をしている。そうした心意気と努力が反映されているのか、近年のローカル局制作のドキュメンタリー番組には秀作が多い。それらのほとんどが、「報道軽視」の条件の下でつくられているという現実には改めて愕然とする。

この調査以前に、私は、ドキュメンタリー番組で有名な賞をとったあるローカル局のディレクターから次のような話を聞いた。彼女によると、彼女の通常業務は地方枠のニュース制作であり、受賞したドキュメンタリー作品は、ローカル・ニュース枠用に撮影した映像を、日常業務の手が空いた「片手間の」時間に編集し直してひとつの番組にしたものだった。また、テレビマンユニオンの村木良彦も、「ローカル局の制作者たちは、情熱だけが頼りという劣悪な制作条件のなかで日常業務をこなしながら、細々とドキュメンタリーづくりの志を育てている」とつづっている（村木良彦『映像に見る地方の時代』博文館新社、2012年、6頁）。こうした話と、私たちの調査結果を総合すると、日本のドキュメンタリーの秀作は、個人のやる気と熱意に委ねられる一方で、クリエイターのイニシャチヴを支援するはずの放送制度は、むしろ長い間の慣行に埋もれて、彼/彼女たちの才能を伸ばすことの障害にさえなっている——そんな実態が浮かんでくる。

わざわざ人材を育てる努力をしなくとも、視聴者に感動を与えるドキュメンタリーがつくられているのだからいいじゃないか——業界からはそんな声も聞こえてきそうだ。しかし、この言い分はローカル放送局の横着だと思う。それどころか、そういうもの言いは、組織の側の甘えや不作為を放置することによって、報道へのやる気と才能ある人材をますます疲弊させる。放送業界は、報道機関としての使命を振り返り、人材を消耗させている事態を深刻に受け止めるべきであろう。村木は、「地方制作のドキュメンタリーは、信頼が崩れつつあるテレビと人々との関係を、かろうじて支えている存在」として、地方からの制作力をテレビ再生の希望とまで言い切った。キー局やNHKの製作費とは天と地ほどの差もあるローカル局に、テレビ界の未来を託すという言論が村木のようなベテラン・テレビ人の口から出てしまうこと自体、今日のテレビと放送制度が抱える問題の深刻さを物語っていないだろうか。

展望

「日本の放送制度は、全国紙と提携関係にある東京5局に事実上支配されており、地方放送局は実質的には東京で製作されたコンテンツの中継局に過ぎないため、ローカル局に報道の専門職を置く必要性が少ない。また、新卒一括採用と終身雇用制度の中では、伝統的に社員の企業内部での流動性が重んじられてきたため、、云々・・・・」

私たち研究者は、日本のメディアを国際比較研究の俎上に乗せるとき、もっとも基本的な「ジャーナリスト」という概念に、こんな長い長い注をつけてその特殊性を解説しなくてはならない。

また、同じ国際調査によって、日本では報道職における女性の割合も国際的に見てきわめて低いというもう一つの特殊性も明らかになった。報告書によると、日本の報道に携わるメディア企業社員のうち、女性の割合は約13％で、世界平均の33％をはるかに下回る。また、上級管理職となると、女性比率は全体の5％弱に留まり、男性支配は一層顕著になる。

もちろん、ジャーナリズムは文化であり、国によって、地域によって、異なったあり方があってよいと思う。しかしながら、現状のように、日本のテレビ報道が、東京一極集中、そして圧倒的な男性支配という、地理的にもジェンダー的にも多様性に欠いた状態を正当化できる余地は、どう見てもほとんどない。

女性については、本稿のテーマから外れるのでここでは議論の余裕がない。しかし、地方に関して言えば、とりわけ、近年の日本の政治では、「第三極」と称して個性の強い地方自治体の首長が新党を旗揚げし、国政進出の意欲を見せている。石原慎太郎、橋下徹、河村たかし、東国原英夫など、現代日本の政治の舞台で強烈な個性を放つ政治家はすべて、地方自治体の長の座に就き、テレビを利用しながら世間の耳目を集める言動を繰り返して人気を得てきた。放送制度が、地方のジャーナリズム力を軽視しながら産業として汲々としている間に、地方から、ほかでもなくテレビを利用して新しい権力がつぎつぎと誕生し、日本の将来を揺さぶっている。政治はローカルのレベルから動いているのに、放送業界が、相変わらず「永田町・霞が関目線」の構造を変えようとしないことに、強い危機感を抱く。

しかし、朗報もある。放送のデジタル化によって、コンテンツの流通コストが抑えられるとともに、地方は東京を経由せずとも世界に発信できる可能性も開かれたということだ。たとえば、北海道テレビ放送は、自社制作比率が１９９５年には12・７%だったものが、２０１１年４月に24%で倍になったという（北海道テレビ放送代表取締役社長　樋泉実、『GALAC』２０１２年４月号より）。こうした技術的条件は、少なくとも一部のローカル局の放送ジャーナリズムにとってチャンスであろう。近年はインターネットの普及が放送産業にとって脅威だという話ばかりが先行しているが、樋泉の言うとおり、デジタル技術の普及は、制度の合理化を進めて地方に余力をもたらし、放送に新しい未来を与えるポテンシャルも生み出す。これまでのキー局・系列局という親分・子分体質から抜け出して、地方で自律的な報道・制作を担える人材育成をする――こうしたステップこそ、デジタル化が放送文化の未来を拓く、ひとつの試金石となるだろう。

「ローカル局の重要性をただお題目のようにくりかえしているばかりでなく、ローカル局をどのように持続させるかを真摯に議論」（藤田真文、『GALAC』２０１２年４月号より）するためには、まずはこうした人材養成の問題こそ、ローカル局の、そして放送制度の、将来の持続可能性に向けてまっさきに着手すべき具体的課題ではないだろうか。

(1)ここでの「報道職」は広い意味で、記者やディレクターなど、報道番組のコンテンツ制作を担当する者を指す。

(2)研究はジェンダーとメディアをテーマに研究するグループ、ＧＣＮ（Gender and Communication Network）のメンバーたちが進めた。私および共同代表の谷岡里香氏をはじめ、ほとんどのメンバーが、報道、しかも放送の現場で働いたことのある研究者たちである。

(3)本調査の結果をもとにした論考は、『日本のテレビ記者（仮題）』として来年大月書店から出版される予定である。なお、このインタビュー調査については、平成22年度放送文化基金の助成を受けた。記して感謝したい。

参考：ライフコース・キャリア形成研究の文献の例
〈教員関係〉

山崎準二『教師のライフコース研究』創風社　２００２年。

河野銀子・村松泰子編著『高校の「女性」校長が少ないのはなぜか　都道府県別分析と女性校長のインタビューから探る』学文社　２０１１年。

〈福祉専門職関係〉

保正友子ほか『キャリアを紡ぐソーシャルワーカー　20代・30代の生活史と残業像』筒井書房　２００６年。

田村真広・保正友子『高校福祉科卒業生のライフコース　持続する福祉マインドとキャリア発達』ミネルヴァ書房　２００８年。

〈官僚〉

中道實編『日本官僚制の連続と変化』ナカニシヤ出版　２００７年。

林　香里　１９６３年生まれ。ロイター通信東京支局記者。東京大学社会情報研究所助手、ドイツ、バンベルグ大学客員研究員（フンボルト財団）などを経て現職。専門はジャーナリズム、マスメディア研究。著書に『〈オンナ・コドモ〉のジャーナリズム　ケアの倫理とともに』岩波書店　２０１１年、『マスメディアの周縁　ジャーナリズムの核心』新曜社　２００２年など。翻訳書に『インターネット・デモクラシー　拡大する公共空間と代議制のゆくえ』（ドミニク・カルドン著、林昌宏と共訳）トランスビュー２０１２年。

ゆたかな番組をささえるもの

井上章一（国際日本文化研究センター教授）

テレビ局の方々からは、時おり相談をもちかけられることがある。

自分たちは、かくかくしかじかの番組をこしらえようと思っている。ついては、井上の話を聞いてみたい。時間をとって、自分たちと会ってはくれまいか。機会をあらため、もういちどこちらから連絡するので、その時相談にのってほしい。

とまあ、そういった要請をうけることが、ないではない。そして、私も時間に都合のつくかぎり、こういう求めには応じてきた。風俗史の研究という私の仕事が、世の役にたつ数少ない機会だとも、思っている。

会って感心させられるのは、よく勉強をしているテレビマンたちだ。私の言うことに、たとえばこんな反論をかえしてくる人も、時にいる。

――そうはおっしゃいますけどね、井上さんは、ご自分の本でこう書かれているじゃあないですか。今のお話だと、本で書いていらっしゃることと、くいちがってしまうんじゃあないでしょうか。

そう、たまにはこういう言葉を私につきかえしてくる人がいる。こちらとしては、批判をされているわけだが、うれしくなる。この方は、本気で番組にいどんでいる。すこしでもいいものをこしらえたいと、まじめに考えている。それがわかると、相談ごとをおざなりにはすませられなくなる。ついつい、時間もわすれ、自分をごまかさずに語りあったりするのは、こういう時である。

もちろん、私の本をていねいに読んでくれていることも、よろこばしい。こういう読者とであえることも、著者冥利につきる。

そういうテレビ制作者とは、あとで親しくなることもある。ある制作者には、私のほうから、後日こう告げてもいる。私の本をよく読んでくれていて、うれしかった。はじめて会ったあの時には、そのことで感心したんだよ、と。

くだんの制作者は、そのおり、つぎのように答えてくれた。

――いや、私もそんなに勉強するほうじゃあないんです。ただね、こちらから相談をもちかけているわけですから、著者の本を読まないのも失礼でしょう。だから、試験前のにわか勉強と同じですよ。お目にかかる直前に、電車のなかで、頭へつめこむんです。

なるほど、そういうことかもしれない。しかし、それでも、こういう予習をしてきた人は、軽々しくあしらえなくなる。こちらとしても、ていねいに応対しなければならないという気がまえが、おのずとできる。

まあ、こまかいところまで行き届いた知見が、ほんとうに役立つとは限らない。番組制作の作業面においては、じゃまになることもありえよう。ざっくりしたつくりのほうがいいんだよと、現場の制作者には言われそうな気もする。

しかし、ゆたかな学習は、番組のかくし味として利いてくる。それがあるのとないのとでは、番組全体からただよう気配がちがう。やはり勉強はしておいたほうがいいと、著述業の私などは思う。もちろん、自分の本をよく読んでほしいという下心も、あるせいではあるが。

ここまで、本をよく読むテレビマンとのやりとりを紹介してきた。だが、今こういう応酬を彼らとくりひろげることは、よほどへっている。私にかぎれば、もうほとんどなくなっていると言いきれる。

私の書いてきた本が、今の若い読者からは見はなされているせいもあろう。つまらない読みものになってしまっているという、こちら側の事情もあると思う。

しかし、こんな問いあわせに接すると、やはり考え込まされる。

――自分は某局、某番組の制作をうけおっている某と申します。これこれこういう番組をつくりたいと思っているのですが、相談にのってもらえませんか。井上さんのお名前は、ネットで知りました。こちら方面にくわしい方だということだそうですね。ただ、申し訳ありませんが、私は井上さんがどういうお仕事をされているのか、よく知りません。まず、そこをかいつまんで、教えてはもらえないでしょうか。

この人は、私の本を読んでいないだけじゃあない。これからも読まないだろうことを、公然と私に告げている。

おそらく、彼には読書にあてる時間のゆとりがないのだろう。とにかく、てっとりばやくいろいろな情報を仕入れたい。そんな思いを、なんのためらいもなく私にぶつけてくるのである。

彼ひとりにかぎったことではない。このごろは、こういう注文がふえている。二〇世紀のおわりごろから、私への依頼は、今のべたような形になりだした。今日の趨勢も、あいかわらずその方向をむいている。

若い世代の読書ばなれということもあるのかもしれない。しかし、私はテレビが制作のコストを削っているということもあると、思っている。人員と経費を減らされ、少人数でいろんなことをやらなければならなくなってきた。とても、下調べには時間が割けない。そのことが、制作の現場を貧しい環境にさせているのだと、考える。

番組への出演を打診されることもある。その際にも、つぎのようなやりとりとなることが、このごろは増えている。

——これこれこういったコンセプトの番組なんですが、コメントの収録にでてはいただけませんでしょうか。

「たしかに、私はそういった方面のことを調べています。何かで、私の名前を探しだされたんでしょう。でも、そのことについて、私はこういう考え方をもっています。そういうコメントでも、かまわないんですか」

——ちょっとまってください。そういうお考えなら、私たちのコンセプトからはずれてしまいます。あの、こういうふうに言っていただくわけにはいかないもんでしょうか。

「それは、できません。私は、そういうとおりいっぺんの考え方は間違っているということで、仕事をすすめているのです。そこで、妥協することはできません」

——わかりました。井上さんのことはあきらめます。ほかの方をあたります。

おそらく、この制作者も、事前に下しらべをする時間がないのだろう。あるテーマについて、専門家たちが、どういうことを言っているのか。たとえば、井上はどんな姿勢をとっているのか。それを見きわめる暇もなく、とりあえず井上に電話をしてきたのだろう。

私は、あなたのコンセプトとやらに、したがえない。そう答えると、こうたずねかえしてくる制作者もいる。

――しかたがありません。それならば、私たちが考えるような方向でしゃべってくれそうな研究者は、いらっしゃらないでしょうか。ごぞんじの範囲で、どなたかを推薦していただければ、助かるのですが。

コンセプトじたいは企画会議か何かできめられ、もううごかせなくなっているのだろう。それによりそういうかっこうで、ビデオどりもすすんでいるのだと思う。あとは、そこにおすみつきをあたえてくれる研究者らしい人さえみつくろえば、それですむ。それが、ジグソーパズルの、最後のピースになっているのかもしれない。詳細はもちろんわからないが、私にも先方のくるしい事情はおしはかれる。同情をする気持ちが、わいてこないわけでもない。しかし、こちらにもゆずれない一線はある。おかげで、コメント収録はとりやめということも、ないではない。

パソコンが普及したおかげで、情報摂取が楽になったと、よく言われる。もう、図書館や古本屋に足をはこばなくても、かまわない。キーボードをたたけば、たいていのしらべ物は、ことたりる。昔のように、このことで時間や手間をかける必要はなくなった、と。

おそらく、パソコンも、調査にかけるコストをけずらせたはずである。予習時間も、これのせいでおおはばにちぢめただろう。

だから、パソコンでひろいだせないような話がでてくると、うろたえてしまう。どうしていいか、わからなくなる。それで、藁へもすがるような気持ちになり、かたっぱしから研究者や著述家に電話をかける。たとえば、私なんかのところにも。とりあえず自分たちでつくった見取り図に、よりそう発言をしてもらうよう期待をこめて。

自分たちに都合のいいコメントを、研究者からひろいだす。そのためには、さまざまな研究者の本や論文を、読まなければならないはずである。ほんらいは。しかし、そのゆとりは制作者にあたえられていない。

いきおい、やみくもに研究者のところへ電話をかけることとなる。これこれしかじかという筋で、しゃべってもらえませんか、と。いや、その方向では語れないという研究者に、制作者はいきどおりをいだくかもしれない。何をえらそうなことを言ってやがる。かっこうつけるなよ、と。

てきとうな研究者がみつくろえない担当者を、番組のチーフはあなどるだろう。要領の悪い奴だな、と。もうすこし時間を下さいという部下に、甘えるなと言いはなつこともありそうな気がする。

パソコンは、調査のコストをおおきく削減した。番組づくりは、もうそういうことにかけるコストがいらないという前提で、すすんでいる。おかげで、パソコンではかたづかないことがおこると、現場にパニックがおこる。もし、そうなのだとすれば、たいへん不幸なことだと思うが、どうだろう。

一九八〇年代までは、事前によく勉強するテレビマンと、しばしば遭遇した。二〇世紀末以後は、そういう出会いがへっている。調査を安あがりですまそうとする制作者が、めだつようになってきた。

若い世代の読書ばなれだけに原因があるとは、思えない。コストカットも、この変化をあとおししていると、私はにらんでいる。そして、予算がけずられる一因は、パソコンが普及してしまったことにもあるのだ、と。

かつてのテレビマンたちは読書家ぞろいだったときめつけることも、できないだろう。まあ、彼らはしばしばそういう口吻になることもある。自分たちはよく本を読んだが、今の若いやつは読まない、と。しかし、以前のテレビマンたちには、本を読む時間があたえられていた。それで、読書ができたということも、見すごせない。

今の制作者たちはがいして不勉強だと、ここまで書いてきた。しかし、そのことを、人としての質が低下してきたという話へむすびつけるつもりはない。制作者たちのおかれた環境が劣化してきたことにこそ、不勉強の本質はあると考える。ぎりぎりかつかつの予算で仕事をうけおう。下請けの制作会社がそういう状況においこまれていることからも、目はそむけられない。

さて、ここまではパソコンの普及に、コストカットの要因をおいてきた。なるほど、取材や調査に関しては、パソコンが経費をけずらせたと思う。しかし、番組づくりのコストがおさえられだしたのは、そのせいだけでもあるまい。日本経済全体の停滞も、そこにはおおきくかかわっているだろう。

テレビ局は、視聴率にとらわれすぎているという声を、よく聞く。コンマ数パーセントの上下に一喜一憂する。たとえくだらない番組であっても、数字をとった制作者が高く評価される。あんなしくみでは、いい番組がつくれないという声も、しばしば耳にする。

私は、そこにコストの問題も、つけくわえたい。テレビ局のなかでは、コストカットに成功した社員も、ほめられる。出世のコースを、あゆむことになりやすい。視聴率を顕著にあげられない場合でも、コストが削れれば評価される。このことも、番組づくりをおそまつにさせることへつながっていると考える。

総収益がのびない現状で、コストをおとしてしまう事情が、わからないわけではない。しかし、そのことが番組制作を劣化させていることも、かみしめるべきである。

むろん、コストをへらすことで、新しいアイデアがめばえることもある。予算がゆたかだった時代にはありえなかった着想のわきあがることも、おこりえよう。チープな画面が、新鮮な印象を視聴者にあたえる場合だって、ないわけではあるまい。

しかし、コンプライアンス方面はどうだろうか。

今は、番組制作の公共性や妥当性が強くもとめられる時代である。視聴者からよせられる意見には、きちんとむきあわなければならない。局へとどけられるさまざまな声には、真摯に対応しようということになっている。

だが、コストがぎりぎりまでけずられた状態で、そこへ時間がさけるだろうか。明日の何時何分までには、企画をまとめなければならない。どうやら徹夜になりそうだ。とまあ、そういう状況で視聴者の声へむきあおうという気に、なるだろうか。

下調べにつかえる時間もない。てきとうなコメントをしてくれる人が見あたらなく、こまっている。あの学者にも、この著述家にもコメントの収録をことわられた。ああ、どうしようという状態の時に、コンプライアンスへ気をまわせるか。

状況は絶望的であろう。

最近のテレビ制作者は、本をゆっくり読むゆとりがなくなっている。どうやら、そちら方面のコストは、かぎりなくけずられているらしい。私は、自分にかかってくる電話から、そうおしはかることができる。

そして、同時に、コンプライアンス方面でも、似たような状況が想像される。たぶん、視聴者の声にいちいちむきあっている時間は、ないんだろうな。同僚と番組づくりの姿勢を語りあえる機会も、ごくかぎられているんじゃあなかろうか。ひたすら、時間と経費においたてられ、自分の仕事を見つめなおせなくなっている。そんな制作現場の絵模様を、私は想いうかべてしまう。

ひところ、某局の「セシウムさん」という字幕が、話題になった。福島の原発事故で、放射能がもれ、地域住民に多大な被害をあたえている。多くの人々がセシウムの測定値に、おびえていた。そんな現地の状況を小馬鹿にするようなテロップ、「セシウムさん」が画面にでてしまう。この放送事故が国民のひんしゅくを買ったことは、記憶にあたらしい。

どうして、ああいう悪趣味なテロップを、こしらえてしまったのか。たとえ予行演習用であったとしても、ひどすぎるのではないか。多くの人々が、そのことでは胸をいためたと思う。

私も不快感をいだいた、そのうちのひとりである。あれはゆるせないと、そう思った。

しかし、「セシウムさん」へいたる筋道が、類推できないわけではない。あの番組でも、予算はだんだんきりつめられていたんじゃあないか。人員もへらされ、相談相手がなくなっていた。おいつめられた制作者は、すてばちになっていく。やぶれかぶれの状況で、ついついやってはいけないいたずら書きに、はしってしまう・・・。

業界の方々なら、それもありうる話だな、と思っていただけそうな気がする。こういう憶測をされてしまう状況が、テレビの制作現場にはある。そのことには、たいていの方が気づいておられよう。「セシウムさん」という個別の事件については、ほかの事情があったかもしれないが。

いや、その「セシウムさん」でも、放送前の点検はおろそかにされていた。事前のチェックをていねいにおこなうゆとりはなかったのだと、みなしうる。やはり、コストカット、もしくはそれにつながるような事情が、あったように思う。

総収益はのびないのだから、予算はけずらざるをえない。だが、番組づくりに関しては、その削減幅も、おのずと限度があると思う。K点をこえるところまでへらすのは、さけたほうがいい。そこへふみこむくらいなら、再放送などの枠をふやすほうが、まだましである。

テレビ局の経営にまで、素人がつっこんだことを書いてしまった。自分の本が読まれなくなっていることで、私はやつあたりをしているのかもしれない。番組づくりにはコストをかけて、私の本も買って下さいと言っているような気がする。

しかし、そのゆとりが番組をゆたかにするだろうことも、まちがいない。私の本はどうでもいいから、検討しなおしてほしいと思う。

井上章一　１９５５年生まれ。京都大学工学部卒、同大学院修士課程修了。京都大学人文科学研究所助手などを経て、２００２年現職。専門は風俗史、意匠論。１９８６年『つくられた桂離宮神話』（弘文堂　１９８６年）でサントリー学芸賞、１９９９年『南蛮幻想』（文藝春秋　１９９８年）で芸術選奨文部大臣賞受賞。著書に『霊柩車の誕生』朝日新聞社　１９８４年、『夢と魅惑の全体主義』文春新書２００６年、『日本の女が好きである』ＰＨＰ研究所　２００８年など。

公共財を供給する仕事としてのテレビ

金平茂紀（ＴＢＳテレビ執行役員兼『報道特集』キャスター）

以下に記していくのは、僕がどっぷりと自分の職業人生のかなりの部分を過ごしてきた日本のテレビというメディアのなかで、いま現在感じていることの偽らざる所見と将来への見通しである。日本の放送文化の課題と可能性を論じる際、関西の放送文化の役割という点を中心に考えてほしいとの本書の要請を考えつつ論を進めていきたい。けれども学術論文のような体をなさないように、なるべくホンネを記して、放送文化と関わりのある読者の皆さんのご意見を乞う次第だ。

僕は日本の民間テレビ放送がスタートした年に生まれた。１９５３年、昭和２８年である。この年、日本初の民間放送のテレビ局として日本テレビが本放送を開始した。日本が占領下から「独立」を遂げてから（サンフランシスコ講和条約締結）わずか2年後のことである。僕は北海道の旭川市に生まれ、その後、小樽や札幌などに移り住んでいた。テレビを持つ家庭は近所でもまだ数少ない時代だった。夜になってテレビのある家にみんなで誘い合ってテレビ番組を見に行ったという記憶が鮮明にある人間だ。街頭テレビというのも覚えている。プロレス中継で力道山というレスラーがいて、国民的な英雄だった。老若男女がテレビで歓声をあげていた光景を知っている。子供時代はアメリカの西部劇やファミリードラマ、コメディなどをみて育った。『ライフルマン』『サンセット７７』『ララミー牧場』『名犬ラッシー』『逃亡者』などは今でも記憶にある。おそらく自分の精神形成のうえで多大な影響を被っているはずだ。

日本製のドラマも漫画、バラエティもよく覚えている。自分でも呆れるくらいだ。『シャボン玉ホリデー』『怪傑ハリマオ』『若者たち』『バス通り裏』『夢で逢いましょう』『ジャガーの眼』『鉄腕アトム』『エイトマン』・・・。ああ、書き出したらきりがない。つまり子供時代の価値観形成はすべてテレビによって培われたといっても過言ではない。僕らはそういう世代なのだ。今の子供たちのようにテレビが一家の各部屋にあったり、受像機以外のパソコンなどでテレビをみたり、録画で番組をみることなんかない時代に僕らは育った。茶の間に鎮座していたテレビの受像機には立派な布製のカバーがきちんとかけられたりしていた。テレビはある意味で、神であり、希望だったのだ。

テレビとともに、そういう時代を過ごしてきた僕にとって、関西発の番組は強烈だった。それは正直にいえば国内の「異文化との出会い」とでも言うべきものか。その代表的なものは『てなもんや三度笠』『スチャラカ社員』『夫婦善哉』といった大阪発のお笑い番組なのだった。北海道に住んでいた当時、毎週日曜日の昼に放送されていた『スチャラカ社員』は子供心に本当に楽しみだった。それはまず標準語ではない。東京発のアナウンサーが気取った感じで読んでいるあの言葉ではなかった。そして登場してくる人々の笑いの質が全然違うのだった。今だから言えるのだが、それは、それはアナーキーな破壊的な笑いと言うか、突き抜けた強度をもつ笑いなのだった。それが僕にとっての関西との出会いだったと言ってもいい。この笑いは一体何なんだろう。それは、東京が建前の代表地だとしたら、（何しろ東京の言葉を「標準語」などと言っていたのだから）関西はホンネであり、もうひとつの別のもの、今風に言えばオルタナティブの代表地が関西なのだった。東大と京大では校風がかなり違うように、江戸前と関西風では味が全然違う。だったら関西と東京ではその違いをお互いに尊重しあいながら並立していくようなシステムがあればそれでいいじゃないか。僕自身は自然にそんなふうな考えをもつようになっていった。けれども社会のシステムは、ますます中央集権化、つまり東京を中心とした一極集中型のありようを強化する方向に進んでいってしまった。それでもまだオリンピックは東京で開催されたり、万博は大阪で開催されていた。日本の高度経済成長期が続いていた時代である。

放送文化のもっとも重要な魅力は何と言っても多様性にある。テレビジョンの定義の通り、遠隔（テレ）を超えて、ビジョン（映像）を共有・交換するシステムがテレビというメディアなのだ。だから本来、テレビは多様性が前提となっているメディアなのだ。違っているから豊かに共有・交換ができる。それが日本全国どこを切っても金太郎飴のように同じならばテレビのメディア機能は弱まる。

１９７７年に僕は自分の希望通り、在京のテレビ局に就職した。テレビのもつ報道という役割に一定の希望を持っていた僕は、その後自分の希望通りテレビ報道の仕事に携わり続けた。報道の仕事に携わると、日本の情報流通のシステムがいかに中央集権的な仕組みになっているのかを思い知らされる。たとえばニュースソース（情報源）のひとつ、省庁・官庁の情報流通は非常に中央集権的にできている。概して、中央の役所が情報をコントロールし、その流通のありようをもコントロールしようとする。何を隠そう、テレビ局のネットワークという構造自体が中央のキー局を中心に中央から地方へソフトを分配する傾向が強まっていく流れができてしまっていることは否めない。組織の運営的な面でも中央↓地方の関係がいつの間にか固定化されていく。本来であれば、各地域のテレビ局同士の水平的なネットワーク＝連携が多様性を担保するのにはもっともよいはずなのだが、日本はそうならなかった。それにはさまざまな理由があるが、日本という国土の適度な「狭さ」がそのような構造を作りやすくした側面があると思う。

たまたま僕はアメリカで特派員としての経験を長年積んできたので、その違いがより明確にみえてくるような気がする。新聞で言えば、アメリカのような広い国土では全国紙といった概念が成り立たない。新聞はローカル紙が基本である。ドイツもそうだ。アメリカのテレビでは、キー局と言えばニューヨークに本社があるが、あとは各地方局が独立してあって地元のニュースを優先的に伝えて、連邦規模の全国ニュースはその後にやってくるという感じだ。地域に密着したニュースを地域の住民のために出していく。これが基本である。日本はいつのまにか全国ニュースが増量し地域・地元のニュースが減量されていくプロセスが進んでしまった。これは本当におかしなことだと悟るべきだ。

僕は反省をこめて記している。地域のテレビ局の地元本位の制作という姿勢が弱くなっている。大阪のテレビ局は、いやな言葉だが「準キー局」などと括られて、東京に次ぐ役割を託されていたりする。それはひとえに日本という国のサイズがこの程度だからに過ぎないのであって、本当はすべての地元の局がまず地元の視点でとらえたニュースが先行する。そのうえで全国ネットのニュースがやってくるという方が自然なのだ。たとえば沖縄の放送局は沖縄に住む人々の興味と利害を中心に沖縄県民向けの放送にもっともっと特化すべきだと思うが、現実は逆の方向に進んでいる。なぜそうなっていくのだろうか。

僕が働いているテレビ局の大先輩に村木良彦という人物がいた。2008年の1月に死去した。故人である。村木氏自身が日本の民放史に名を残す偉大なドキュメンタリストであったが、死を迎えるまでの10年あまりにわたって「地方の時代」映像祭の審査委員・プロデューサーを続けていた。村木氏はなぜ「地方の時代」にこだわったのか。東京以外の地でドキュメンタリーをつくっているテレビ人たちの作品を凝視し続けたのか。それは一極集中が完成してしまって空洞になった東京のキー局にはないものが、地方のテレビ局にはまだ生き残っている事実を目の当たりにしたからであり、そこにこそテレビの未来に向けての可能性を見出していたからである。地方、地域に目を向けた時にこそ日本の本当の〈いま〉が見える。そのことを僕らは2011年の〈3・11〉およびそれにともなう福島第一原発の過酷事故によって思い知っているはずである。大消費地・東京と原発密集地・福島の関係は、日本の中央と地方の関係のありようの象徴である。限界集落となって死にゆく地域と人があふれて職のないまま不安定な集合体と化す都市圏の対比にこそ日本がみえる。村木氏の言に倣えば、「地方」の反対語は「中央」ではなく「国家」であり、「戦争」の反対語は「平和」ではなく「文化」なのだ、と。日本のテレビはそのことを伝える義務がある。なぜならば、放送文化は国民の意思形成に多大の寄与をしてきたことを僕らは知っているからだ。未来に向けてその可能性をさぐっていかなければならないはずだ。

村木氏はかつてこう書いた。〈「地方の時代」の「地方」とは、中央に対する地方という地理的な位置を指すのではない。社会的な強者に対する「弱者」、即ちさまざまな障害や差別など強弱をつくりだす構造を考えることである。社会的に強者であることが必ずしも幸せを約束するものではない。〉2000年の言葉だ。もう10年以上を経過したこのことばは今でも色あせない。東京以外の地方のありようを見よ。今のこの国を覆う閉塞感は、〈3・11〉を経て露わになった日本という国のあらゆる「強者」の身をまとった権威の失墜、つまり、政治家、学者、メディア、官僚といった権力がいかに無力で信頼のおけない存在にすぎなかったかを覚知した国民からの絶望の叫びに近いものだと思う。こうした危機的な状況の中でこそ、実は関西という地域が果たすべき役割は大きいのだと僕は考えている。ただし、それは大阪が第二の東京をめざすということであってはならない。それは東京の「二の舞」になるだけだ。中央集権、一極集中という構造、ありようを変える新しい多様性を求める役割があるのではないか。ここからは僕が考えている日本のテレビ放送、特にテレビ報道の脱中央集権化の試案である。空論と思われればそれはそれで結構。

①定時ニュース番組を毎日、東京から出す必要があるのだろうか？　これだけ情報処理のテクノロジーが進化している時代である。いつまでも東京からの視点でキャスターなりアナウンサーが東京から伝える必要があるだろうかという疑問をもつ。たとえば週の前半は東京から出せば、後半は大阪あるいはその他の場所から出しても何の不都合もない。また視点も広がる。官庁や省庁に近い場所からのみの放送は「官尊民卑」の思想につながる。慣性ほど恐ろしいものはない。

②同様に、日本そのものを相対化する国際的な視点を確保するべきだ。このため、国際ニュースをさらに充実・増量させることは、狭隘なナショナリズムに染まりがちな日本のテレビ放送の可能性をさらに開いていくことになる。

③いわゆる「系列」の功罪を再検討する時期にあるという共通認識をもつこと。「系列」は永久不変ではない。考えてもみようではないか。たとえばテレビの「系列」に大きな影響力をもつ大手新聞社の

命運が今大きく問われている。これまでの時代のように新聞社の幹部経験者が地方テレビ局の幹部に出向・コンバートされるような時代は過去のものになりつつある。地方局、地域のテレビ局は自前の人材育成にさらに力を注ぎ、地域の放送文化創造に寄与するようにしなければならない。実際、〈3・11〉以降の被災地のテレビ記者たちの意識の変化は目覚ましいものがある。

④地域・ブロックの放送界の交流をさらに進展させる。たとえば北海道や九州に拠点をおく各テレビ局の縦ではない横の連携、すなわち、「系列」ではない「地域」「地方」でのつながりをより強化していく方向の方が、地域の活性化につながることがあるのではないか。そのような試みを報道レベルで行っていたのが、かつて放送文化基金が実施していた「制作者フォーラム」である。地域の横の連携は実りが多い。競争相手・ライバルこそ最良の友である。なぜなら互いに共通の基盤にあって同じ悩みを共有しやすく、さらに共通の追及の対象を見出すことができるからである。

⑤電波行政の中央集権化を再考してみる。こんなことまで書く民放人はおそらく他にはいないだろう。つまり電波はだれのものか?という発想の根源からくる思考である。電波は国民の公共財産である。であるがゆえに、僕らのテレビ放送は、テレビ文化は、公共的な利益に資さなければならない。そして戦後の放送の歴史を概観すれば、日本の放送文化はそれなりの国民文化の創造に寄与してきたことを胸を張って誇るべきである。問題は、ここから先、未来にこの公共財をどのように役立てていくかのビジョンなのだ。その意味で、現在の電波行政の在り方をあえて複元化するという荒療治も可能性としてない

わけではない。あるいはアメリカや欧州のように、より独立行政委員会に近い形で日本の電波行政が執り行われる方向の方が世界のすう勢とは合致しているのではないだろうか。

⑥関西発の24時間ニュース・チャンネルを立ち上げる。これは前述の②⑤とも関わってくることなのだが、日本にはたとえばアメリカのCNN、MSNBC、FOXのような、あるいはイギリスのBBCワールドのような24時間ニュース専門チャンネルがない。利権と「系列」意識、慣性のしみ込んだ東京で立ち上げる以前に関西発の24時間ニュース専門チャンネルを立ち上げるという荒技を仕掛ける効果は国内的にも対外的にも絶大なものがあるだろう。

さて、最後にしっかりと記しておかねばならないことがある。それはテレビというメディアの役割自体が、テクノロジーの進化の過程で、すでに一定の役割を終えて、現在はメディアとしての衰退期に入っているのではないか、そのようなかで関西のテレビ・メディアの可能性だの、「地方の時代」の可能性だの、脱中央集権に言及してみてもあまり生産的ではないのではないか、という声を聞く。テレビはもう見ない、という若い人が増えている。この文章の冒頭で記したように、僕自身は民放の誕生と同時に生まれ育ってきた人間なので、テレビは要らない、もう見ないと言われると、心が刺されるような思いがする。かつて映画がテレビに押しやられ、ラジオが顧みられなくなり、レコードがCDに駆逐され、今やそのCDもアイチューンのダウンロードで売れなくなってしまったように、テレビも時代遅れのメディアになり果てて滅びるのか。その可能性は否定しない。でも僕は、「テレビはいらない、ネットで十分」

という人とは距離を保っている。それは、なるべく多くの市民が共有しておいた方がいい公共財としての知的財産がこの世界にはまだまだ数多く存在し、そのことによって市民の生活がうまく営まれているという側面を無視できないからである。それと、公共財のありかたは、ひとりひとりの幸福度にとても大きな影響を与えている。そのことを知っているからである。

〈3・11〉の激甚被災地では、テレビは役に立たなかったというのは、かなりの真実をついているかもしれない。そもそも電気が断たれ、津波でテレビが流されてしまったのだから。僕自身、がれきの中に埋もれている大型液晶テレビを何台も被災地で見た。それはまるで終末をテーマにした現代美術のオブジェ作品のようであった。だが同時に、テレビは緊急地震速報を発して多くの人々の生命を救ったことも事実だし、ボランティアに駆けつける人々に情報を提供もした。みんなが共通に公共的に情報を共有することで生まれた力があった。原発事故は、メディアの限界を極限に近いほどみせつけた。発表報道に従属していた僕らの姿勢はきびしく糾弾されて当然だった。

だが、そのテレビのなかに少数ながら、放射能汚染の状況を国家の発表に先駆けて自力で計測をしながら、市民に公共財として情報を提供した僕らの仲間たちがいたことも事実だ。将来、テレビがレコードのように打ち捨てられる運命にあるとしたら、それは僕らが完全に公共財としての知的財産を市民に供給する仕事の意味を見失った時ではないのか。そんなことを考えながら日々仕事を続けている。

テレビ報道で仕事がしたいとたまに訪ねてくる若者たちがいる。彼らに僕がよく話しているエピソードがある。1995年の阪神大震災の起きた時、毎日放送の神戸支局担当のある女性記者は、両親と共に住んでいた自宅が半壊する被害にあいながら、父親に車を運転させて神戸支局まで到達し、傾いてエレベーターの止まったビルの9階の支局に駆けつけて、倒れていたVTR送信装置の機材を父親とともに立て直して、その後の取材活動の基礎を修復した。彼女とそのお父さんは何のためにそんな行動をとったのだろうか。

あるいは、今回の〈3・11〉のさなか、仙台市内を取材中に津波に遭遇した東北放送のある記者が、津波が危ないことを察知してカメラを回しながらもそばにいた住民をビルの高所に避難誘導し、老人をおぶって3階まで避難させ、救助活動も手伝った。彼は何のためにそんな行動をしたのか。彼らにはテレビの仕事が、公共財を市民に供給する仕事の意味をもっていることを本能的に知っていたからだと、僕は確信している。だからこの仕事が36年もやめられずにいる。そういう認識を共有できれば、関西も東京も地方もみな同じ地平にいることがわかる。そして本当の意味のネットワークでつながることができるのだと思う。空論は空論でなくなるはずだ。

金平茂紀　1953年生まれ。東京大学卒。東京放送に入社後、モスクワ支局長、ワシントン支局長、『筑紫哲也NEWS23』編集長、報道局長、アメリカ総局長、コロンビア大学客員研究員等を経て、現職。著書に『ロシアより愛をこめて』筑摩書房 1995年、『二十三時的』スイッチ・パブリッシング 2002年、『テレビニュースは終わらない』集英社新書 2007年、『報道局長業務外日誌』青林工藝舎 2009年など多数。

放送ジャーナリズム―歴史を見直せ―

北野栄三（毎日放送顧問）

1

放送人が「放送文化」と言うことが多くなった。いつから言いはじめたかを考えると、「放送ジャーナリズム」を言わなくなったころと一致する。何故そうなったか。

今の放送には、多くの人が不満を持っている。ラジオを聞かず、テレビも見たくないという人がふえている。放送の中身に原因があると誰もが感じている。この放送をジャーナリズムの仕事だとは言いにくい。そのかわりに、多くの色々の要素から生まれる文化の一部分だと言っておけば、負うべき責めも軽い。これが「放送文化」を軽い意味で使わせているのではないかと思える。

ジャーナリズムとは、新聞や放送などのメディアと、それにかかわる人間の心意気を示す言葉である。だが、文化は誰がつくったものかを言うことは出来ない。放送をその文化の中にまぎれこませては、放送ジャーナリズムのために働くジャーナリストのスピリットは見えてこなくなる。

ＮＨＫが旧社屋を処分したとき、放送と関係なく得られた地価上昇というバブルの儲けが「放送文化基金」や「放送文化賞」などのもとになった。「文化」はそれほど恰好のよい言葉とは言えない。最近の放送人たちが「放送文化」という言葉を気の利いた言葉のように使っているのは、すこし見当違いをしているように思う。

高橋信三記念放送文化振興基金を残した高橋信三のころは、こうではなかった。（高橋の基金にも「放送文化」がつけられているのは、つねに「放送ジャーナリズム」を言っていた高橋にそぐわないが。）

高橋たちは、と言うのは高橋をふくめて民間放送の創業にかかわった人々のことだが、それまでの放送とは違った放送をつくろうとしていた。それまで日本で単一の放送であったNHKは、戦争のために、戦争に協力する道具となって、戦いに敗れた日本人の信用をなくしていた。これに代わる新しい放送は、統制されない組織で、管理されない情報を、自由に、速やかに国民に伝達するということを中心とするものでなければならない。そういう考えから、彼らは〝フリー・ラジオ〟の旗印を掲げたが、それは放送ジャーナリズム以外のものではなかった。

新聞出身の高橋が、ジャーナリストとしての経験と反省を新しい放送につないだのは不思議ではない。しかし当時は、メディア出身者以外も、普通にジャーナリズムを語っていた。高橋と同世代で東京局の社長になった一人は、メディア出身者でもなんでもなかったが、民放連の会合で報道の自由を話した。「それは憲法に優先する」と言ったのは人を驚かせた。だが、事務局の原稿をしりぞけて自分で書いた原稿は、この人にとっても身についた言葉になっていたと思う。こういう人物が東京、大阪以外にも登場していたのは戦後という時代の一つの特徴だった。彼らが中心になった放送は、徐々に国民の信頼をかちとった。やがて、この信頼が、戦後復興とこれに続く高度成長を担う日本経済とその企業群のパートナーという立場を民間放送にあたえた。

しかし、その後の歴史の中で、この創業当時の初心のようなものが、ずっと継承されてきたかというと、必ずしもそうではない。業績の拡大とともに、営業成績や視聴率などの数字が、編成や報道の原則よりも優位に置かれるようになったこともその一つである。多くの視聴者が現在の放送に感じているのもそのことにほかならない。放送ジャーナリズムのあり方が懸念されているのである。

戦後間もなく、のちに首相になる芦田均は、ＮＨＫのポストの提示を受けて「放送は久しく国民の信頼を失っている」として断った、と日記に書いている。

しかし、民間放送の発足によって、ＮＨＫは変身する絶好の機会をつかんだ。多くの新聞社が民間放送の出資者となり、支援者となったために、ＮＨＫはニュースの供給源の大半を失った。このときＮＨＫが自前の取材部門をつくることで対応したのは評価される判断だった。

それまでのＮＨＫでは、「報道」を名乗る部門があっても、配信されたニュース原稿を整理するに過ぎなかったが、このときからはじめて自前のニュースが送り出されることになった。取材記者を育て、独自の取材活動をはじめたことは、ＮＨＫの面目を一新させ、ジャーナリズムらしいものが生まれることになった。

だが、ＮＨＫが受信料の独占という権益を享受していることは、いうまでもなく権力の監督を受けることにつながっている。

ＮＨＫが単一の放送でなくなってから、国民から集める受信料をＮＨＫが独占する理由はなくなっている。そのため、受信料を放送界全体のために使うべきだという「放送公団」構想を、高橋たちも何度か提唱した。しかし、ＮＨＫ以外からのそのような意見をＮＨＫは排除してきた。ＮＨＫは、受信料制度に呪縛されているかぎり、いつまでもそのジャーナリズムは制約されたものにならざるを得ない。その巨大化にもかかわらず、ＮＨＫが依然として管理されたジャーナリズムにとどまっているのはそのためである。

ジャーナリズムを言うことの少なくなった放送界の人間が、代わりに使う言葉は、「文化」のほかに「公共性」がある。

二〇〇五年、ニッポン放送・フジテレビ買収をはかったライブドア事件のさい、フジ側は「公共性」という言葉で自らの立場を訴えた。ＩＴ企業よりも、放送事業の方に、社会の支持を得られる「公共性」がある、という論理だと思われた。しかし、世間の空気がさほどフジ側に傾かなかったのは周知のとおりだった。これが意味することも明らかである。どのような放送によって、視聴者のために「公共性」のある活動をしているかが、つねに問われている。

戦後の放送は、どういうところから出発したか。どんな歴史を経てきたのか。未来を考えるためにも、これを振りかえっておかねばならない。

2

第二次大戦中、ロンドン空爆の実況放送でラジオ報道の可能性を開き、戦後はアメリカに吹き荒れた〝赤狩り〟のマッカーシー旋風とたたかってこれを鎮静化させたジャーナリスト、エドワード・マローを主人公にした映画『グッドナイト・アンド・グッドラック』が二〇〇六年日本で公開された。マッカーシー上院議員と対決した一九五三年当時のニュース・フィルムなどを使っているため、全編モノクロで制作されたが、作品、監督、脚本賞など六部門のアカデミー賞候補となり、ベネティア映画祭でも受賞した。

映画は、一九五八年十月、シカゴのホテルで開かれた放送人の集まりで、マローが講演した場面から始まっている。

「五十年後、百年後の歴史家が、もし現在のテレビ番組を見たら、間違いなく、この社会は退廃していた、と言うだろう」。

マローは続けた。

「テレビが単に、娯楽と現実逃避のための道具なら、テレビは単なる電線と真空管の箱に過ぎない」「テレビは社会を変えることの出来る強い力を持っているのに、テレビは何をしているのか。このままでは、後世に対して恥ずかしいではないか」。

画面は、語りかけるマローを写したあと、一転してこの集会から五年前の〝赤狩り〟の時代に戻り、全アメリカがマッカーシーを恐れて息をひそめている中で、マローとそのチームが、テレビの番組『シー・

イット・ナウ』を舞台に、種々の圧力とたたかいながら、〝真実〟の力で時代を変えようとする姿が描かれている。しかし最後は、その努力があまり認められた結果とは思えない番組の時間移動の通告を会社から受ける場面で終わっている。

映画の主題は、赤狩り一色の社会を変えさせることの出来たテレビの力の大きさだが、同時に、その力が立派に使われているのかという、マローが提起した反省が訴えられている。

マローは、「五十年後、百年後に、歴史として現在の番組を見たら」と言った。しかし、すでにマローがこの講演をしてから五十年以上たっている。一九五八年のアメリカのテレビの番組がどうであったかは知らないが、マローの批判した「娯楽と現実逃避」の傾向が改まっているようには見えない。もしもアメリカでも日本でも、この傾向が惰性的に続いているとするならば、マローの言う「社会の退廃」は、現代においてさらに大きくなっていると言わねばならない。

しかし、救いがあるのは、このような映画がつくられたということである。アメリカでは、メディアの中からテレビの現状への注意喚起がこのようになされている。日本ではどうか。

3

私が初めてアメリカの放送界の空気を知ったのは、一九七二年四月、シカゴで開かれたＮＡＢ（全米放送事業者連盟）第50回大会に参加したときだった。

この大会は、ラジオの創生期に組織が生まれて半世紀に当たるため、ゴールデン・アニバーサリーと称していたが、お祝い気分よりも、放送界には厳しい課題が突きつけられている、という印象があった。

第一は、ベトナム戦争激化の中で盛り上がった反戦運動が、反体制、反大企業の気運と結びつき、そのホコ先が放送に向けられていたことである。体制側と見られた放送に対して、市民運動の側から反論の権利や放送枠解放を求める「アクセス権」の運動が高まっていた。

第二は、放送産業の中核の三大ネットワークが、プライムタイムを中心に地方局の放送を〝支配〟していることに対する独禁法違反問題が政府側から提起されていた。この背景には、ネットワークのベトナム報道が〝偏向〟しているとする政権側の反感があった。

さらに、この年は大統領の選挙年で、再選を目指すニクソン大統領に対して、ポピュリズム（民衆主義）の立場に立つ民主党のマクガバン候補への人気が高まり、〝マクガバン現象〟が起こっていた。若者を中心に、既成の権威や価値を認めない潮流がアメリカ社会にみなぎり始めていた。放送に対する「アクセス権」の主張も、この潮流の中から生まれた。憲法の保障する「知る権利」などは「受け身」すぎて手ぬるい、より進んだ市民のメディアへの参加が認められるべきだ、放送局は設備を運用してくれるだけでよい、という過激な主張も登場していた。

こういう潮流に対して当時のアメリカの放送界がどう対応していたかといえば、「放送の内容を決めることが、何よりも尊重されるべきジャーナリズムである」という一点だった。

矢面に立たされたネットワークの経営者たちは、「アメリカの社会はたしかに変化のときにある」と認めながら、懸命に反論した。

「何をつくり何を編成するかの主体性こそアメリカに必要な自由だ。放送局を単に番組を通り抜けさせるだけの『ゲート・キーパー』にしてしまっては、ジャーナリズムは亡んでしまう」

現場のジャーナリストたちでなく、経営者たちが、社会の批判から放送企業を守るよりどころとしてジャーナリズム論を打ち出していたのが当時の特徴だった。


今ふりかえれば、資本主義のアメリカで、あのような一時代があったということは想像もしにくい。しかし、その風潮は、次の八〇年代に入ると一変した。

ベトナム戦争は一九七五年に終わり、反戦と結びついた反体制、反大企業の動きが終息し始めた中で、八一年に登場したレーガン大統領は、「弱くなった」アメリカを「強いアメリカ」に変えるために、七〇年代の風潮とは正反対の「ビッグ・ビジネス」重視を唱えた。レーガノミックスと呼ばれた政策の中で、規制緩和と優遇税制でM&Aが奨励され、企業のコングロマリット化と国際化が一気に進み、その中でマネー・ゲームの風潮もひろがった。

この政策の影響を受けて、放送業界も激変した。NBCが親会社のRCAもろともGEの傘下に入ったのを筆頭に、三大ネットワークはそれぞれさらに大きい企業の子会社になった。かつて三大ネットワーク自体の巨大化が独禁法の対象になったことがウソのような変化がもたらされた。

一九七二年のNAB大会当時、会場のコンラッド・ヒルトンでは、その前年にCBSから分離させられたバイアコム（CBSフィルムが前身）が、自社の小さいブースに客を集めるためのチラシをくばっていたのを見たが、やがてこのバイアコム自身がCBS本体の親会社になるという驚くべき業界の有為転変が始まった。

日本のバブルも人間を狂わせたが、アメリカのマネー・ゲームも人間を変えた。

一九三八年三月のヒトラーのウィーン進駐のとき、マローやウィリアム・シャイラーらをはじめて起用して、ヨーロッパとアメリカを結ぶ史上初のラジオ五元中継放送を陣頭指揮したこともあるCBS会長のウィリアム・ペイリーは、マネー・ゲームの中で、かつての先進性を失った。

一九二〇年代からCBSに君臨し、放送ジャーナリズムを支える役割を果たしたこともあるペイリーは、この八〇年代に入るとマネーの魔力のためか、創業以来の全株式を単なる投資家のローレンス・ティッシュに売却してしまった。そのティッシュのやったことは、ニュース部門の削減による合理化とCBSレコードの売却で、それによって利益を上げると、未練なくCBSをウェスティングハウスに転売した。しかし、ウエスティングハウスも長く持ち続けることなく、今世紀に入った二〇〇五年、コミュニケーション事業の成功で、〝大化け〟していたバイアコムがまた、ウェスティングから全株を買い取ったのである。

会社の離合集散は珍しくない。しかし、放送などのメディア企業にとっては、それによってメディアの生命線であるジャーナリズムがどうなったかは問われなければならない。この問いに対して、ちょうどそれに答える調査をギャラップが最近発表している。

二〇一二年九月上旬、全アメリカの十八歳以上の一〇一七人に対して、同社が実施した調査によると、テレビ、ラジオと新聞を含めたニュース報道について、「完全性、正確性、公平性」の三つの観点から判断して「全く信頼出来ない」「ほとんど信頼出来ない」と答えた人は合わせて六〇パーセントに達している。

一方、ニュース報道が「大いに信頼出来る」「かなり信頼出来る」という回答は、合わせて四〇パーセントしかなかった。これを一九七〇年代の同じ質問への回答七二パーセントに比較すると大幅に低下している。（『民間放送』二〇一二年十月十三日号による）

七〇年代にアメリカ人の七二パーセントがニュースを信頼していたというのは、かなりよい数字と言わなければならない。しかし、それが今や四〇パーセントになったというのは、激減である。七〇年代にはなかったネット・メディアなどがあらわれていることを考えれば、八〇年代以降のメディア業界の変化だけがそのままニュースの信頼低下に結びついたとは言えない。しかし、マードックの参入などを含め、放送などのメディア企業が巨大化したことが、ジャーナリズムを強くすることに役立っていないことは間違いない。

レーガンの「強いアメリカ」政策は、ほぼ同時に登場したイギリスのサッチャーと協力して、ソ連を軍拡と経済競争の場に引きずり出し、社会主義体制の弱点をあぶり出すことによって〝冷戦〟の勝利をかちとったことは歴史的事実である。しかし、レーガン以来今日にいたる新自由主義の経済が、企業を強くしたとしても、ジャーナリズムを強くしなかったことも事実として認めなければならない。

一九五〇年代には、大きい時流に立ち向かったマローのような人物が登場したが、今の時流に警鐘を発するようなジャーナリストは、アメリカでもまだ出ていない、ということでもある。

4

日本のジャーナリズムは、新聞によって牽引され発展したが、東京と大阪で発展の形が違っていたことはよく知られている。

明治の新聞創生期に、政府の膝元の東京では、政治的意見を発表する政論紙の多くが生まれ、大阪では市井のニュースを重視する報道紙が成長した。政治的意見は党派的立場と結びついて社会一般の支持を受けることが難しいのにくらべ、報道紙は大衆に根をおろして早くから伸びたのである。

大阪の新聞のこの傾向は、外国の研究者にも「街のジャーナリズム」（Bourvard Journalism）として注目されている（Anthony Smith『The Shadow in the Cave』）が、その大衆性が大阪の新聞を飛躍的に発展させた。

大正の末期、大阪市は人口と経済規模で当時の東京市を上回る時期を迎えたが、そのころ大阪毎日新聞と大阪朝日新聞が同時に、東京の新聞の達成出来ない部数百万部を突破した。さらに両紙は東京進出にも力を入れ、大阪に重心を置いた全国紙体制を完成させた。

昭和の長い戦争の発端となった満洲事変の勃発前夜に当たる昭和六年春、陸軍の建川美次参謀本部情報部長（八月、作戦部長に異動）が来阪して、大阪の経済界と新聞界の代表者と会談した。会談の目的は、満洲有事のさいの協力要請だったが、東京へ呼びつけるのでなく、軍の最高幹部がわざわざ大阪へ足を運んだことは、当時の大阪の経済力と、世論に影響する大阪の新聞の力が無視出来なかったことを示している。だが、この会談の場での新聞の姿勢は、必ずしも軍への全面的な支持ではなく、反対に近い慎重論だったといわれている。

しかし、満洲での戦争が始ってからは、当然ながら軍への批判は紙面から消え、戦時色がひろがった。東京と距離を置いていた大阪独自の色合いも、このころを契機に徐々に大阪の新聞から見られなくなった。

朝日新聞の社史によると、満洲事変勃発後に、東京と大阪の論説を「一本化した」ことを記している。それまで東京と大阪で別々に書いていた論説を東京に統一したということで、建川との会談のさいに批判的意見を述べた大阪の論説責任者は棚上げされ、より「軍に理解のある」と見られた東京の責任者が論説を統轄することになった。

この社史では、自発的に組織を改変したように書かれているが、当時の軍がこれを期待したことは明らかで、同じような事情から、毎日新聞でも東京への重心移動が行われた。

やがて、このことは毎日と朝日にとどまらず、全新聞が中央の情報統制に追随する動きを生み、以後、戦争の全期間を通じて、メディアの東京一極集中体制をつくることになった。しかもこの体制は、戦後になっても基本的には変わらずに続いている。

こうした歴史を経験してきた高橋らが、民間放送創設に当たって、東京中心によらない放送メディアのあり方を考えたのは、自然なことだった。民間放送は、地方地方のローカル性に立脚するとともに、東京からの発信のみにたよらない情報活動を目指すべきだと高橋は言っていた。電波事情等の要因によって、放送の中心が東京になるとしても、改善することが大事だと考えた。

その考えの根もとには、日本が一極集中のような形で一色になってはもろい、という考えがある。その教訓は歴史が示している。ジャーナリズムは、そうならぬように警告する立場にある。そのためには、ジャーナリズム自体が一色になってしまうことは最も避けなければならない。これが、高橋と同じように〝大阪ジャーナリズム〟の中で働いてきたジャーナリストの考え方である。次に続く世代にも、このことはよくかみしめてほしい。

5

放送のジャーナリズムを考えるさいに、いまひとつ懸念されるのは、ジャーナリズムを志望する若い人々が、これから放送会社の門をたたくだろうかということである。

志を持った者が訓練に耐えてはじめてジャーナリストがつくられる。そういう人材をつくろうとする用意が、はたして現在の会社にあるかという問題だ。こういう心配は、最近まではなかった。しかし、いまは様子が違ってきたと感じる。

一九八一年、ＴＢＳが開局三十周年を迎えたとき、（この年、全国で六局が同じように三十周年を迎えた。）ちょうど同じ年にＣＢＳイブニング・ニュースのキャスターを退いたばかりのウォルター・クロンカイトが招かれて来日した。

ＴＢＳが主催した講演会で、「テレビと世界」の表題で語ったあと、質問を依頼されていた私が、「テレビのジャーナリストには、どういう訓練がベストか」と聞いたのに対し、クロンカイトはこう答えた。

「まず新聞記者をやってから、その後にテレビの仕事をするのがよいと思う」

通信社の記者を長くやったあとＣＢＳ入りしたクロンカイトらしい答えだったが、この意見は、クロンカイトより若い世代の放送育ちには、当然のことだが、あまり賛成されない。

アメリカでも、クロンカイトの後任のダン・ラザーのイブニング・ニュースのプロデューサーをしていたトム・ベタッグに、ニューヨークでこの話をすると、「それはおかしい。私は新聞記者の息子だが、放送だけでやってきた」とムキになって反論した。クロンカイトの言うことは古い、と言わんばかりだった。

しかし、クロンカイトの意見は、新聞記者と放送リポーターのどちらが優れているかという話ではない。クロンカイト自身をスカウトしてくれたマローに新聞記者の経験がなかったことをクロンカイトが知らないわけではない。マローが第二次大戦中にラジオのリポーターの草分けとなったとき、ＣＢＳ内部でも「記者経験のない者に出来るのか」という声が出たことがある。そういうことをよく知っているクロンカイトが言うのは、ジャーナリストを育てる環境として、放送会社と新聞社のどちらが有益か、ということにある。

クロンカイトは、放送ジャーナリズムの価値を高めた第一人者でありながら、つねに新聞を強く意識していた。日本での講演でも、「私の三十分のニュースで伝えられるのは、せいぜい新聞一ページの三分の二の量でしかない」ことを強調した。テレビだけですべてを伝え切ることは出来ない。テレビだけで報道を完結させることは出来ない。この社会に生きる人々が求めている情報を提供するためには、テレビは新聞と手を組む必要がある。ジャーナリズムが対象とするニュースの奥深さ、幅広さを考えれば考えるほど、クロンカイトは謙虚になったのだろうと思われる。しかしそれが、クロンカイトを「大統領よりも信頼される人」にした影響力の根源にあったものにほかならない。

もしもジャーナリズムに謙虚さが欠けたなら、それは押しつけの報道になってしまう。それでは、ジャーナリズムの真の影響力を生み出すことは出来ない。

クロンカイトは、〝道具〟に過ぎない通信が放送と〝融合〟することなどは夢にも考えなかったかわりに、ジャーナリズムの兄貴分の新聞との〝協力〟はつねに考えた。新聞という古いメディアを重視するクロンカイトは古いのか。

「クロンカイトは古くなっていない」と言ったのは、ほかならぬオバマ大統領だった。

「クロンカイトのねばり強い真実追求、客観的報道を守ろうとした情熱、ジャーナリストとは単なる職業ではないという信念は、ブログとツイッターの今の時代でも、国民にとって欠かせないものだ」。

二〇〇九年七月十七日、クロンカイトは九十二歳で死んだが、その二ヵ月後の九月九日、ニューヨークのリンカーンセンターで開かれた追悼会で、オバマはこう言ってクロンカイトを称えた。追悼会には、クリントン元大統領も出席して個人的な関係を語ったが、オバマは「個人的な思い出はない」と断りながら、放送メディア論を展開した。

「ジャーナリズムにとって今が困難な時代であることは私もよく知っている。しかし、情報への要求がますます増大しているときに報道部門（news rooms）は縮小され、真面目なジャーナリストは活躍していない。掘り下げた報道（investigative journalism）が求められているのに、即席の論評（instant commentary）や有名人の噂話（celebrity gossips）、クロンカイトなら決して評価しなかったようなソフト・ニュースなどが目立ち過ぎている」。

「クロンカイトは、ジャーナリズムが直面する圧力と誘惑もよく知っていたし、メディアの会社が利益を追求する宿命にあることも承知していた。しかし同時に、その利益はニュースと公共部門に投下すべきだということを知っていた。このことはハイテクを使う時代になってもおなじことではないか」。

オバマにどんな有能なゴーストライターがいたのかは知らないが、クロンカイトの友人、後輩のジャーナリストたち多勢が集っている場で、こうしたメディア論が言えるセンスはなみなみではない。しかもオバマは、同じ日にもう一つの重要演説を行っている。ニューヨークからワシントンに取って返えすと、その夜の上下両院合同会議で、医療保険改革について〝政治生命〟をかけた演説をこう切り出している。

「この問題に取り組んだ大統領は私が初めてではないが、私が最後の大統領になるつもりだ」。

ラジオ・テレビを通じて全米に中継されたこの演説も名スピーチだったとされているが、私はクロンカイト追悼のスピーチの方に軍配を上げたい。日本でもアメリカでも、これほどジャーナリズムがわかっている政治家のスピーチを目にしたことがないからだ。

「政治と報道が合わさって一つの仕事になる」とケネディが言ったことがあるが、オバマにもこの理解がある。それだけに、ジャーナリズムの側にも、こういう政治家を首肯させ、また導くぐらいの影響力を持った活動が期待されている。だが、日本の現状を見るかぎり、新聞にも放送にも、まだまだそういう意識が足りない。

北野栄三　1930年生まれ。京都大学文学部中退。大阪大学法学部卒業。毎日新聞社（大阪本社社会部、東京本社「サンデー毎日」編集部）、毎日放送（報道局長、テレビ編成局長、テレビ制作局長、常務取締役）を経て、和歌山放送社長、会長。バーチャル和歌山社長、会長。著書に『メディアの人々』毎日新聞社2000年、『メディアの光景』毎日新聞社2010年。

教養セーフティ・ネットの必要性―「テレビ的教養」再考

佐藤卓己（京都大学大学院教育研究科准教授）

はじめに―八八年前の「ラジオ文明論」から

インターネット普及にともなう情報環境の激変で、いま新聞、雑誌、放送などこれまでの基軸メディアは経営的には厳しい対応を迫られている。大学でメディア史を講じている私にとって、本稿のテーマ「放送の今後」を論じることは、ちょうどバックミラーを見ながら車を前進させるように、「放送の来歴」をふり返りながらその展開を予測することである。

日本における放送の「今後」を考える上で、まず日本における放送開始時に構想された「ラジオ文明論」を検討しておきたい。八八年前に発表された未来予測の新鮮さに驚いたからである。

日本の放送史は一九二五年三月二二日（今日の放送記念日）、公益社団法人・東京放送局ＪＯＡＫのラジオ実験放送から書き起こされることが多い。大正デモクラシーの成果である男子普通選挙法が成立するちょうど七日前のことである。その半年後、新城新蔵「ラヂオ文明」が一九二五年八月一四日付『東京朝日新聞』に掲載された。当時の知識人がどのような期待と不安をもってラジオ放送を迎えたかを読み取ることができる。実際、ニュー・メディアの発展は技術的・経済的要因よりもむしろ、こうした期待や不安により大きく規定されてきた。

新城新蔵はこの四年後、一九二九年京都帝国大学総長に就任する宇宙物理学者で、その銅像は今日も京都大学時計台の右側にそびえ立っている。そのラジオ論には今日も量産されるメディア進歩史観の原型を見出すことができる。「正にラヂオ流行の世の中である」と書き出した新城は、ラジオ放送が「有閑階級の娯楽や相場師の道具」に止まることなく、誰でも自由勝手に聴ける「民衆的普へん的」放送になることを要求している。ラジオ放送開始の直後に成立した普通選挙法の大衆的政治理念が「電波の公共性」に重ねて意識されていた。

「もともと万人に公開の空間に電波を伝達せしめて居るので、これを一定の加入者のみに限つて聴かせようといふのは根本的に間違つて居る。」

新城はラジオ放送を「国家又は地方自治体其他の公共団体が経営する」べきとしたが、公益社団法人として設立された東京、大阪、名古屋の三局は翌一九二六年に合併されて社団法人・日本放送協会となった。

だが、このラジオ文明論の面白さは、新城が「ポスト活字」を唱えたことにある。この「ポスト活字」の系譜については、赤上祐幸『ポスト活字の考古学―「活映」のメディア史』(柏書房・二〇一三年)が最近刊行されている。新城のラジオ論の位置付けも明確になるので是非参照されたい。

新城はラジオ放送が発展すれば印刷媒体はおろか文字文明までも不必要となり、このため印刷用紙の無駄もなくなると展開する。それは、昨今の「電子書籍」推進論者のエコロジー感覚とよく似ている。また意外に思えるのは、この当代きっての教養人に「文字」や「文筆」への固執がまったくないことである。新聞の速報はことごとくラジオ・ニュースに取って代えてよい、というのだ。宇宙物理学者は極端に長い時間感覚で言語的コミュニケーションをとらえていたのだろうか。こう述べている。

「一体言葉に現したる思想をわざわざ複雑なる符丁にて記録し更にこれを読みて再び言葉に翻訳し其意味を了解するといふのは甚だしく廻りくどい方法で現代的ではない。」

文字は情報伝達、意志疎通、つまり人と人とのコミュニケーションの手段であって、文字そのものが何かの目的ではない。文字を書かずにコミュニケーションが可能なのに、なにゆえ書き方を教える必要があるのか、と。もちろん、文字には記録性があり、歴史のために不可欠だという反論にも、新城は答えを用意している。保存が必要な言葉はレコード化して蓄音機で聴けばよい、というのである。

「レコードが今日の印刷書物の如くに軽便になり、蓄音機とラヂオ受信機とを両のポケットに携帯し得るになつたとすれば、我々は一切の文字を無用の長物として一掃することが出来、文字によらざる実質的文明は更に長足の進歩を見るに至るであらう。」

今日のスマートフォンまで連想させる議論である。しかし、現在のウェブ文化も実際には圧倒的に「文字」を媒介としており、その点では新城の「ポスト文字」文明は今日まで実現していない。むしろ重要なのは、来るべきラジオ文明に「民衆的普へん的」な教育機能を期待していたことである。

公共性と公教育をつなぐ「テレビ的教養」

それから八八年後の現在、格差社会化への不安が広がるなかで、政府は教育改革を繰り返し公約に掲げ、さらに二〇一〇年には番組編成における「教育番組」「教養番組」など分類の公表を義務付ける放送法改正も行われた。教育改革と放送改革は一見すると別ものにみえるが、社会の情報化の中で公共性(圏)、すなわち公的意見を生み出す社会関係（空間）の構造転換として必然化したものである。公共圏への参加者を育てること（公教育）と、その参加者にあまねく情報を伝えること（公共放送）はその機能上、不可分である。この視点からすれば、公的な電波を利用する放送事業は公営であれ民営であれみな「公共放送」である。NHKと民放の相違は、契約者が直接支払う受信料と消費者が商品購入を通じて間接的に支払う広告料という形式の違いに過ぎない。NHKが発表した二〇一一年度末の受信契約率は76・2％（支払率72・5％）であり、国民全体が支払っているわけではない。それに対して、広告料を価格に含む商品を購入しない国民は一人もいないわけだから、民放こそ国民全体の公共放送であるという論理も成り立つはずである。

こうして民放を含む公共放送は、学校教育や社会教育と不可分なはずだが、放送論において「教育番組」や「教養番組」の内容が具体的に論じられることは稀である。私は『テレビ的教養―一億総博知化の系譜』（NTT出版・二〇〇八年）で「活字的教養」との対比で「テレビ的教養」を説明したことがある。「活字的教養」が内容メッセージを理解するために必要な論弁型シンボルの運用能力であるとすれば、「テレビ的教養」は関係メッセージを示す現示的シンボルへの感応力といえる。公的領域で重視される「活字的教養」が意識的な読書による段階的習熟を必要とするとすれば、私的領域を覆う「テレビ的教養」は無意識的な視聴によって手軽に体得される可能性をもっている。伝統的な説得コミュニケーション・モデルとの対応関係で言えば、「活字的教養」が読書を通じたエリートの理解の前提であるのに対して、大衆に向けた発話による共感の受け皿としての「テレビ的教養」といえなくもない。ただし、あらゆる説得コミュニケーションにおいて共感と理解が連続的であるように、「テレビ的教養」と「活字的教養」の対極性より、その連続性に目を向けるべきである、と私は主張した。

しかし、今日なお学校の教室で段階的に身につける「活字的教養」が正統とされているため、こうした「テレビ的教養」が世間一般でいわゆる教養と認識されているとはいえない。むしろ、反教養、非教養と目されることの方が多いかもしれない。その意味で「教養」概念そのものの再検討が必要だが、ここでは敢えてその問題に立ち入らない。現行の放送法第二条で、教育番組とは、「学校教育又は社会教育のための放送番組」、教養番組とは、「教育番組以外の放送番組であって、国民の一般的教養の向上を直接の目的とするもの」と定義されている。しかし、この定義は形式的に過ぎるため、ここでは便宜上、「教育」と「教養」の操作的な定義を示しておきたい。「教育＝教養＋選抜」、逆に言えば「教養＝教育－選抜」、すなわち教養とは学校教育や社会教育から入試・資格など選抜的要素を除いたものである。今日の中学校の教育では高校入試合格が主目的となっているから、「教育≒選抜」となり「教養」は限りなくゼロに近づいてしまう。逆に、戦前の旧制高等学校などで教養が高く見積もられた理由も、この数式である程度説明できる。難解な「デカンショ（デカルト・カント・ショーペンハウアー）」などが必読書として読まれたのは、選抜試験なしで帝国大学への進学が保証されていたからである。戦前でも高等学校入試を控えた旧制中学校では教養主義は花開かなかったし、高等文官試験や入社試験を控えた帝国大学でも同様だった。

戦後の新制大学も、一九五〇年代までは戦前の旧制高校のような状況が続いていた。大学入試で実質的な選抜が終わっており、入社は学校歴で決まったため、大学キャンパスには教養主義はなお存続できた。しかし、「大学全入時代」と呼ばれるように、大学入試が選抜として十分機能しなくなると、次の入社試験が重要な「選抜＝教育－教養」となり、大学における「教養」は必然的に衰退していった。ついでに言えば、衛星放送などでテレビ講義を行う放送大学は、選抜試験がないため「教養＝教育」となる。当然ながら、一九九一年大学設置基準改正による大綱化により多くの大学で教養部が解体された後も、「選抜なしの教育」を行う放送大学は「教養」学部のみの体制を保持している。

テレビの文化細分化と情報弱者のメディア・リテラシー

放送大学の構想が「選抜なしの教育」、つまり「テレビ的教養」の理想として語られたのは高度経済成長の時代までだった。高度経済成長期に一億総中流意識を製造したテレビは、一九六〇年代には「一億総白痴化」（大宅壮一）ならぬ「一億総博知化」（近藤春雄）のメディアと主張されたことさえもあった。だが、一九八〇年代からの家庭用ＶＴＲ普及とテレビゲーム利用によって、テレビ視聴の個人化が進行すると「テレビ的教養」という議論は聞かれなくなった。

ロバート・パットナム『孤独なボウリング―米国コミュニティの崩壊と再生』（柴内康文訳・柏書房・二〇〇六年）の議論が典型的だろう。パーソナル化したテレビは一九七〇年代以降、「余暇時間を私事化する」ことで、あらゆる社会関係資本（一般的信頼性・関係積極性・集団活動性）に有害に作用したという。つまり、テレビ視聴によって公的集会への出席や地域組織での指導的役割を果たすといった市民の集合的活動は極端に減少してしまったという。パットナムによれば、テレビはアメリカにおける地域コミュニティ崩壊の「唯一最も一貫した予測変数」である。こうした批判はメディアが共通の話題を提供して人々を結びつけるよりも、人々の関心を細分化して、公的領域への関心を奪っていくという「文化細分化」論とも重なる。ブロードキャスト（放送）においても、多チャンネル化によるナローキャスト、さらにポイントキャストへと視聴者（広告ターゲット）を絞り込む営業戦略が採用され、趣味の細分化が加速された。

こうしたメディア特性は、一方通行的なテレビとは異なる「双方向性」を期待されて登場したCATVやインターネットでも変わらない。双方向性のメディア特性から人々の「つながり」を増大させると期待されたインターネットの普及も社会関係資本減退の歯止めとはならなかった。それをパットナムはこう表現している。

「コンピュータ・コミュニケーションは情報の共有、意見の収集、解決策の議論にはよいが、サイバースペースにおいて信頼と善意を構築することは難しい。（略）社会関係資本は、効果的なコンピュータ・コミュニケーションにとっての前提条件なのであって、それがもたらす結果ではないということかもしれない。」

「信頼と善意」によってはじめて成り立つコミュニケーションの典型が、教育である。その意味で、教育番組をもつテレビに期待を抱くことはまちがいではないはずだ。しかし、インターネット時代のテレビは、文化資本の格差を象徴するメディアとして批判されている。テレビ黄金時代のバラエティー番組で「知的」司会者として一時代を築いた大橋巨泉は、金田信一郎『テレビはなぜ、つまらなくなったのか』（日経BP社・二〇〇六年）収載のインタビューでこう語っている。

「勝ち組とか金持ちとかインテリがテレビを見なくなっただけなんですよ。負け組、貧乏人、それから程度の低い人が見ているんです。」

同様の発言は、多くの「情報強者」によって繰り返されている。リクルート社初代フェローの「スーパーサラリーマン」藤原和博（現在は大阪府教育委員会特別顧問、東京学芸大学客員教授）は、『お金じゃ買えない』（ちくま文庫・二〇〇一年）でフランス滞在体験を経て自宅の居間からテレビを撤去したと述べている。

「アッパーミドルクラスの人々の意識の中には明らかに〝リビング（居間）にテレビがあるのは、会話を楽しむだけの教養のない人たちのすることで、クラスが下の証拠だ〟というイメージがある。」

ここで注目すべきことは、かつては「内容」の俗悪性が問題視された反テレビ論で、現在では「形式」の下層性が強調されていることである。おそらく、今日のテレビが情報弱者のメディアであることをまずは認めるべきなのだろう。テレビの長時間視聴者の典型的イメージは、育児放棄された子供や寝たきり老人など社会的弱者である。また、小中学校の教室の隅で埃をかぶっていたテレビがメディア・リテラシー教育として利用されるようになったのは、情報格差やデジタル・デバイドが取りざたされるようになった一九九〇年代である。放送を所管した郵政省（現・総務省）の公的文書で「メディア・リテラシー」が登場したのは、暴力番組制限の「Vチップ」導入が話題となった一九九六年、「多チャンネル時代の放送と視聴者に関する懇談会」の最終報告書である。現在のメディア・リテラシーに対する日本政府の公式見解は、「放送分野における青少年とメディア・リテラシーに関する調査研究会」の報告書（二〇〇〇年）に示されている。メディア・リテラシーとは「メディア社会を生きる力」であり、「メディアを主体的に読み解く能力」「メディアにアクセスし、活用する能力」「メディアを通じてコミュニケーションを創造する能力。特に、情報の読み手との相互作用的（インタラクティブ）コミュニケーション能力」という三要素が有機的に結合したもの、と定義されている。

こうしたメディア・リテラシー教育に加えて、自己決定・自己責任に基づく生涯学習社会を「格差社会」の同義語としないためには、現在のテレビが情報弱者のメディアであることを直視した上で、いまだに「学校教育又は社会教育のため」と限定する放送法の定義を超えて教育番組を組み替えていくことが必要ではないだろうか。かつて「教材の水道」と呼ばれた教育番組は、今こそ「情報社会の生活インフラ」となるべきなのである。

エデュテイメントの公共性へ

別の言葉で言えば、今後は民放を含む「公共放送」全体において、娯楽番組をすべて「娯楽的教育 enter-education 番組」または「教育的娯楽 edutainment 番組」とすべきだと私は考える。そもそも、インターネットを基軸とする今日の情報社会において、教育番組と娯楽番組を分けることに意味があるのかどうかも疑わしい。民放の番組編成表でミステリーや刑事ドラマは「教育」、「教養」、「娯楽」の複合番組と分類されることも少なくなかった。確かに、現代社会を舞台にしている限り、どれほどデフォルメされていても、子どもはそこから社会の「現実」を学ぶはずである。そうした娯楽番組で世間、いや社会、さらに世界を学んだという経験は私自身にもある。もちろん誇張や偏向はあるが、それを読み破っていくことが、メディア・リテラシーの実践といえなくもない。

むろん、そうした「教育的娯楽番組」で育まれる「テレビ的教養」が最良の教養というわけではない。しかし、より良い輿論 public opinion を生み出す公共圏への入場券として、それは必要不可欠な教養である。なぜなら、公共圏とは万人の参加可能性を前提としており、「具体的でわかりやすい教養」のみが万人に共有可能だからである。昨今のウェブ社会はそうした「テレビ的教養」すら欠いた人々を大量に生み出しており、それこそ民主主義の危機というべきだろう。テレビ放送は、国民すべてをカバーする教養のセイフティ・ネットとならなくてはならない。

最低限の教養を共有させるためには選抜と不可分な学校システムよりも、すでに情報弱者のメディアであるテレビの改革や再生がまず必要である。この意味でテレビ放送の未来は、公共性論の未来なのである。

世界最長のテレビ視聴時間を誇った日本人は半世紀近くにわたり、教育到達度でも世界トップレベルを維持してきた。「一億総白痴化」と告発されたテレビは、結果的には「一億総博知化」をもたらしたと総括してもよいだろう。近年、学力低下論でよく引き合いに出される「OECD加盟国における生徒の学習到達度」の結果も別の読み方が可能である。日本の順位の下降ばかりが報道されているが、「テレビ国家」日本は成績最上位層と最下位層との差が最も小さい国の一つであることに留意すべきなのである。

だが、多くの教育者や研究者は「ポスト・テレビ社会」としてのデジタル社会に向けた「先物取引」に熱中している。近年のe-ラーニング・ブームや「デジタル教科書」待望論などはその典型だろう。そのパーソナルかつグローバルな「ネット的教養」論で抜け落ちているのが、「テレビ的教養」の公共性というべきなのかもしれない。実際、ウェブ上で世界平和や人類平等を唱えているほうが、お茶の間や職場で話題を共有することよりはるかに容易である。民放を含む「公共放送」の重要性はデジタル時代において、ますます高まると考えるべきだろう。

佐藤卓己　1960年生まれ。京都大学文学部卒、同大学院博士課程単位取得退学。東京大学新聞研究所助手などを経て、2004年現職。専門はメディア論。2003年『「キング」の時代』（岩波書店2002年）でサントリー学芸賞、2005年『言論統制』（中公新書 2004年）で吉田賞を受賞。著書に『メディア社会―現代を読み解く視点』岩波新書 2006年、『テレビ的教養―一億総博知化への系譜』NTT出版 2008年など。

テレビジョンは「構造の時代」から「状況の時代」になる〜テレビ崩壊論への反論〜

重延　浩（テレビマンユニオン会長・ゼネラルディレクター）

この5年間、テレビジョンはどうなるか、とよく問われ続けた。リーマンショック後は、それが出版の世界でも語られた。私自身は、それまで、定時的にテレビ論をテレビマンユニオンニュースに発表していたが、5年前からテレビ論を封印していた。近年のメディアの変化は、私には未知のふしぎな時代変化だったからである。もちろん、メディアの拡散は予想していた。その変化の様子を通常のテレビメディア論として語ることは可能だった。しかし、メディアの拡散、リーマンショック、革新的テクノロジーの導入、東日本大震災と続き、その変化がなにか底知れない奥深い変化のように思えた。過去の価値観が今までの歴史軸とは異なる形で変わるかもしれないという感覚を5年前から強く予感し、安易に未来テレビ論として語ることは出来なかった。しかし今はテレビジョンの未来を少しは客観的に認識できるようになった。変化は人間の自然な価値観にしっかりと通底していると理解できたからである。その契機になったのは2011年10月5日のスティーブ・ジョブズ氏56歳の死だった。

スティーブ・ジョブズ氏の至言。「私は経営をうまく営むために仕事をしているのではない。最高のコンピューターを創造するために働いている」。なにか、「すばらしいものを創る」。その哲学が、これからのテレビジョンを想う私の原点になる。

ではテレビジョンのなかで、スティーブ・ジョブズ氏のような発想が許されるか。今、テレビジョンは逆境のメディアと指摘されるが、どうしたら新しいメディア観をもてるのか。そのためにはやはり、まったく新しいテレビメディア哲学が必要である、と私は考える。

★

私は、テレビ60年の流れを、こんな変遷の歴史だと分析しはじめている。日本でテレビ放送が始まってからの第1期は「放送の時代」（1950年代〜1970年代）、日本の経済発展が進んだ第2期は「構造の時代」（1980年代〜1990年代）、そして21世紀の第3期は私が新しく語りはじめようとする「状況の時代」（2000年代〜）である。「状況の時代」は、これから未知なる時間と対峙し、テレビジョンの可能性をさらに増幅していくだろう。おそらく、それは放送の時代、構造の時代とは異質のテレビジョンの世界を構成していくだろう。それが新しいテレビ論の核となるだろう。

日本では「放送の時代」（1950年代〜1970年代）に、テレビが国民を一気に誘引するメディアになった。ドラマも、音楽も、クイズも、教養も、番組の方法論を知らないまま、演出家の表現に委ねられる時代だった。それが独創的番組を生む契機となった。

評論家の志賀信夫氏は著書『テレビ番組事始・創生期のテレビ番組25年史』で語っている。「草創期にはあらゆる実験的な試みをすることができた。可能性のあることは何でも挑戦できるような余地があった。そんなことができたのは、未知の世界が広がっており、どういう媒体になるのか、まだ見当もついていなかったからであり、媒体として潜在力を秘めていた若いメディアだったためである」。そして志賀氏は『紅白歌合戦』、『私は貝になりたい』、『てなもんや三度笠』、『ニュースコープ』、『鉄腕アトム』、『11PM』、『8時だョ!全員集合』などの独創性を賞賛する。多くの秀作が誕生した。テレビには未知の世界が広がっており、どういう媒体になるのか、未だ見当もついていなかったから生まれたテレビの独創性である。

1970年に創立したテレビマンユニオンも、「放送の時代」に生まれた独立製作者集団だった。その独創が企業の共感も呼んだ。番組も国鉄（現JR）提供で同時録音の旅番組『遠くへ行きたい』（YTV）を1970年から制作し、永六輔、伊丹十三、五木寛之、野坂昭如、立木義浩、渡辺文雄らが自由な旅番組で放浪した。日立製作所がテレビマンユニオンの企画で、当時の編成の常識を超えた3時間ドラマ『海は甦る』（TBS）を一社で提供、私も日本IBMの一社提供で3時間の長時間美術番組『印象派』（TBS）を演出できた。さらに自由な発想での新形式クイズ番組として、世界で初めてとも言えるリアリティクイズ番組『アメリカ横断ウルトラクイズ』（NTV）シリーズの制作にいたる。独創性が放送局や企業から期待され、迎えられる、そんな「放送の時代」だった。

その「放送の時代」が変化したのが「構造の時代」である。「構造の時代」は放送が産業化した時代だった。テレビがメディアであるとともに産業になった。「構造の時代」はテレビジョンの経済的進化の時代とも言える。メディア産業のシステムが確立されていった。広告主、広告代理店、放送局、製作会社、視聴者の構造、ネットワークの構造、そしてそのすべてを支配する「視聴率」の構造。視聴率がすべての認識をひとつに集約する数値となり、それが経済価値になる。視聴者の関心を数値化するバロメーターにもなった。その構造は、すべての放送関係者にとっても、明快な指標となった。質の価値だけでは曖昧な基準であり、視聴率が合理的経済効果となった。質ではなく量で換算できる基準である。

タイムの収入をスポットの収入が超えるようになってから、この「構造の時代」の収益構造は急速にスピードを増した。誰もが視聴率を客観的価値判断のマジックハンドとして活用する。そんなビジネスモデル確立の時代だった。そこでの創造性は原則視聴率との両立が出来る創造性を主力とする。

1980年は山口百恵が芸能界を引退した年、そのころから構造の時代がはじまった。『なるほど！ザ・ワールド』、『オレたちひょうきん族』、『笑っていいとも！』、『北の国から』が構造の時代の新しい創造性を生み出した。独創性と高視聴率を共存させる創造である。それが視聴者にも広告主にも支持される。製作会社もそれを迎える才能を育てた。昨年亡くなられた横澤彪氏と一昨年、「楽しくなければテレビじゃない」のキャッチフレーズは、単に番組のことではなく、「今まで試みたことのないような楽しく、おもしろい挑戦をすることでしょう」という解釈で共感しあった。

1985年には『ニュースステーション』が三原山噴火などの生放送で報道の真価を発揮し、ニュースも高視聴率を取る時代になる。1986年からバブル経済による好況の時代になる。『ニューヨーク恋物語』『東京ラブストーリー』『一〇一回目のプロポーズ』など若い世代の恋を描くトレンディドラマが人気を集める。『カノッサの屈辱』などのフジテレビの深夜番組が注目され、深夜は、経済的価値を持つ枠となった。『進め！電波少年』がテレビ的新企画として注目される。

好況の放送はタイムで、企業がレギュラー、単発で企業のアイデンティティを生む一社提供番組全盛の時代でもあった。こうして、テレビ産業はメディア産業として確立していった。テレビは好況のときは、宣伝費の投下を受け、不況のときも販促のための宣伝費が集まる不景気無しの産業とさえ言われた。

ニューメディア時代の到来が同時期に謳われた。1987年に放送政策懇談会が「ニューメディア時代における放送の役割」の報告書を提出、多チャンネル時代の始まりとなる。同年11月25日をハイビジョンの日として高画質も推進された。1989年にはNHKが衛星放送の本放送を開始し、1991年にはWOWOWも本放送を始めた。1992年には、通信衛星テレビ（CS）も委託放送の事業認定を得、本格的多チャンネルの時代が始まった。しかし、その後日本経済はバブル崩壊へ向かっていく。そして21世紀の状況の時代に向かう。

状況の時代に、まず、バブル崩壊で各企業の経営が再編成され、デジタルのテクノロジーが急速に進む時代に変革する。通信・放送技術の革新、次にデジタル機器のコストダウンによる経済的革新、インターネット、モバイル、タブレット、ソーシャルネットワークサービスの発展。デジタルテクノロジーのスキルアップによる普及という通信・流通の革新である。その一方で、非現実的人間関係、情報依存の危険、セキュリティの不安を生む新しい社会心理も生まれた。事実、その不安を抱えながら、社会は新しいテクノロジーを迎え、そこに経済モデル、創造モデルを期待する。

★

「テレビメディアの崩壊」という数多くのメディア論者からの指摘は事象としての現実的可能性を持っている。しかし、それは「構造の時代」的テレビ分析ではないかと私は考えている。崩壊論はテレビという電波媒体自身が、未来にも革新的変革をすることが無いという前提に立っているのではないか。「ほんとうにそうだろうか」という疑念が私に走る。

テレビには同時に多くの人間が同じものを見ることができるという圧倒的な媒体能力があるのではないか。もし、今、テレビという媒体が白紙の状態で生まれたら、それは革新的媒体として、そしてネットを超える有効な経済的媒体として、全く異なる形のテレビ構造を新しく構築しただろう。「テレビが崩壊する」というメディア論はテレビジョンが本来的にもつ能力からして、ありえない。実態として、テレビを運営する構造が余りにも、既定の法律、既成の生活習慣、経営システムに拘束されているから、それを前提とするテレビとして分析されてしまい、そこにニューテクノロジーからの崩壊という揶揄的な指摘が生まれるのだろう。原点に戻るべきである。テレビという媒体を白紙で考えれば、驚くべき媒体なのだ。

多くの視聴者（ユーザー）が同時間に同じことを体験すること、これはメディアとしては永久不変の魅力的価値ではないか。それは単に「構造の時代」的経済価値を強調しているのではない。人間と言う存在のある共同体意識を価値づけているのである。人間はそういう共有の存在意識、共感の交換をどんな時代であっても求めているのではないか。そして創意ある人間的メッセージを伝えることに大きな意義を感じているのではないか。これはもちろん、ネット時代の新しいメディアによるスピード、個的情緒交換、グローバリズムの価値を認めた上での発言である。つまり複数の価値は共存しうるという認識からの提案である。

★

放送史の中で、私の記憶により強く残るのは、番組というパッケージではなく、事象を生放送のテレビで見たという記憶である。戦後の復興の中、街頭テレビで見たスポーツの生放送。プロレスの力道山、プロ野球の巨人戦、紅白歌合戦、皇太子の御成婚、東京オリンピック、三島由紀夫自決、あさま山荘事件、ケネディ大統領暗殺報道、アポロ11号の月面着陸、すべてが「放送の時代」の生放送の鮮烈な記憶である。現代の世代はサッカーのワールドカップやオリンピック、イラク戦争、エジプトやリビアのフェイスブック革命をそのように記憶するのだろうか。東日本大震災の生放送番組は、ウェブの個別の精細な映像情報と両立して、想像を超える実像を共有した。北京オリンピック開会式や北朝鮮でのワールドカップ予選の生中継は、私も北朝鮮の実像の空気を感じるスポーツを超えた生のメディア情報として衝撃を受けた。グローバルな中継なら地球上の数億人が同時に共有する時間。これは、現代でも価値ある圧倒的なテレビの特性ではないか。そして武器ではないか。十分に経済的戦略の価値になりうる。ウェブが決して超えることが出来ないテレビジョンの独創的価値ではないのか。その価値をテレビは今、ほんとうに生かしきっているか。そんな思いが私の胸をよぎる。テレビ崩壊に対しての反論の機は熟している。

そうした反論の気持ちがふと高まったのは、あのスティーブ・ジョブズのテレビ観にテレビマンとしての、ある強い悔しさを感じたからである。彼は、「あなたがテレビをオンにするときは、自分の脳をオフにしたいからだろう。しかしコンピューターで仕事をするときは、あなたの脳をオンにしたいときだろう」と言う。テレビがそんなイメージだけをジョブズに残してしまったのかと悔やんだ。できれば、彼に新しいテレビの価値を、新しいテレビ表現で実感してもらう時が欲しかったとも思った。

もちろんテレビというメディアは、複層的な期待を受ける。人々は、あるときはテレビと一体になり、あるときはテレビを捨てる。視聴率が絶対である「構造の時代」には、個別の要求の中から絶対量の多いものが優先し、少ないものは除外される。既成のチャンネルが、全体のシェアを分け合う。1％の最後のシェアまで分け合う。それは量の競争原理から言えば当然の帰結である。しかし、これからは少なくなるHUTの中で、その配分の序列も変化させざるを得ないであろう。企業も視聴者も絶対視聴率だけではない別の付加的価値を意識するだろう。視聴率と視聴質などという二元論ではない新しい付加的価値である。地上波と衛星放送の価値の分化、そして更なるデジタルメディアへの分化も始まる。ウェブ、モバイル、ツイッター、SNS、各種端末がそれぞれのコンテンツを求め、新しい配給方式も生まれる。アプリケーションからの新しい発想も期待される。しかし、多種多様なメディアが生む新しいビジネスが成立するのは、金融のビジネスであったり、ポータルサイトのビジネスであったり、ショッピングのビジネスであったりする。コンテンツビジネスに本格的ビジネスモデルが成立する可能性は今は少ない。クリエイターは、無償でメディアに登場できる舞台を与えられるが、その後の継続的保証は無い。そこにクリエイターの継続的サクセスストーリーを未だあまり聞かない。「状況の時代」には、早く時代にふさわしいメディアの天才が欲しい。

テクノロジーに利用されるコンテンツではなく、テクノロジーを利用するコンテンツは無いのか。その創造の新しいスタイルが必要だ。ジョブズのデザインへのこだわりが、テクノロジーを超えた美学として価値を持つと私が主張する理由はそこにある。

★

ではもう一度、テレビという世界に戻ってみよう。「状況の時代」に向かう何らかの予感がテレビにあるか。私は、テレビの電波メディアとしての特性を重視して考えれば、こんな予兆がテレビに現れているように想う。①生放送―ただし、生放送価値のあるもの、②長時間連続放送―ただし、長時間の目的が明快なもの、③特別企画―ただし特別の独創性があるもの、クオリティを極めているもの、④連動企画―ただしその連動は常識を超えた連動で、テレビ以外との連動、日本以外の国との連動も視野に入れなければならない、⑤そして最後に人間の共感を前提として考える企画。この五点は、「状況の時代」の新しい表現としてその可能性を保証する。テレビがグーグルやアップルが競うスマートTVの方向に進むとしても、私はテレビが「人間の共感」をテーマとすることを薦める。敢えて、デジタルテクノロジーの時代に失われるかもしれない、人間が共感する斬新なソフトを提供したい。

テレビメディアは、もう「構造の時代」を超えた「状況の時代」になっている。「状況の時代」の視点からは、テレビジョンの崩壊は無い、と確信する。崩壊するとすれば、それはテレビジョンの一時代の構造であり、テレビジョンではない。テレビジョンが新しい方法論を持てば、テレビジョンは構造を超えた強いメディアの力を持つ。それは経済だけではない、テクノロジーを使った新しいコンテンツメディアに変貌するのではないか。それまでの発想を超えて、アップルⅡ、iMac、iPod、iTunesストア、iPhone、iPad、iCloudが生まれたように、そしてスティーブ・ジョブズ以外からも、マイクロソフト、グーグル、フェイスブック、ツイッター、スカイプが生まれたように、テレビジョンにも価値観そのものの再創出が必要なのではないか。ジョブズは言う。『顧客が望むモノを提供しろという人もいる。僕の考え方は違う。顧客が今後、なにを望むようになるか、それを顧客本人よりも早くつかむのが僕らの仕事なんだ。』まさにそれが、「構造の時代」と「状況の時代」との違いである。

メディアはこれからもまだ進化の途中であり、未知なる可能性がさらにあることをスティーブ・ジョブズは知っていた。ウォルター・アイザックソンが書いた『スティーブ・ジョブズ』にライバルとも言えるビル・ゲイツ、マーク・ザッカーバーグが献辞を書いている。二人はジョブズを敬い、ジョブズとの交流を楽しんだ。

ジョブズがテレビをオフにすることを考えていたが、後年のジョブズはテレビのこともオンすべきものと考えていたことが分かり、私を和ませる。伝記によると癌の末期症状だったジョブズはコンピューターや音楽プレイヤー、電話を変えてきたように、テレビもシンプルでエレガントにしたいと強く望んでいたと言う。『スティーブ・ジョブズⅡ』（講談社）にこう書かれている。「とっても使いやすいテレビを作りたいと思っているんだ。ほかの機器やiＣｌｏｕｄとシームレスに同期してくれるテレビをね。」「想像もしたこともないほどシンプルなユーザーインターフェイスにする。どうすればよいか、ようやくつかんだんだ。」しかし、彼はその思いつきを進める時間を持たずに世を去った。さて、私たちは、そんな独創的テレビ観をどう継承できるか。ジョブズは重要なホームワークを私たち、そして次の世代に残している。

グーグルが協力したサムスンの製品でｉＰｈｏｎｅに対抗するＡｎｄｒｏｉｄ搭載のスマートフォンがジョブズの死後5日目の10月11日に発表される予定だった。しかし両社はその発表日を延期した。「世界中の人たちが、スティーブ・ジョブズ氏の死を悼んでいる。今は新製品を発表する時期ではない。」礼節のあるライバル間の友情である。そうした人間観は、私にとっては、これからのテレビの原点「人間の共感」を象徴する。それは「状況の時代」の人間的美学でもある。私はそれをデジタルヒューマニズムと呼ぶ予定である。それが私の、状況の時代へ向けた哲学、美学そして経済学である。

（テレビマンユニオンニュース６１７号より転記）

重延　浩　１９４１年生まれ。国際基督教大学教養学部卒。東京放送に入社し、１９７０年、テレビマンユニオン創立に参加。現在、会長・ゼネラルディレクター。「世界ふしぎ発見！」のプロデュースを担当。美術番組、国際ドキュメンタリーの演出をする。「ＪＡＰＡＮ国際コンテンツフェスティバル」エグゼクティブプロデューサーを務めるなど国際事業にも携わっている。２００５年芸術選奨文部科学大臣賞。著書に『ロシアの秘宝「琥珀の間」伝説』ＮＨＫ出版　２００３年など。

アーカイブと放送文化

丹羽美之（東京大学大学院情報学環准教授）

テレビ研究の貧困

この半世紀あまりの間に、日本のテレビは目覚ましい発展を遂げ、産業的にも文化的にも大きな影響力をもつようになった。しかし、テレビ研究やテレビ批評の広がりという点では、残念ながら非常に遅れていた。その大きな理由のひとつは、テレビ番組のアーカイブが貧困だったからである。かつて放送されたあの番組を見てみたいと思っても番組自体が残っていない。あるいは残っていても公開されていない。結果として、テレビに対する研究や批評は大きく停滞することになった。

アーカイブが整備されなかったのにはいくつかの理由がある。そもそも作り手たちは「テレビ番組は一回放送すれば終わり」「電波とともに消えてなくなるもの」と考えてきた。初期の頃は生放送も多かった。収録番組の場合でも、テープ代が高かったので、繰り返し上書きして使われた。結果として多くの番組が保存されないまま消えていった。また研究者や視聴者も長らくテレビ番組がまともな研究や批評の対象になるとは考えず、積極的に声を上げてこなかった。さらに国や放送業界もテレビ番組を公共的な財産として保存し、後世に伝えなければならないとは認識してこなかった。

しかし状況は大きく変わりつつある。近年、テレビ番組の歴史的・社会的価値を認め、それらを積極的に収集・保存・公開しようという声が日本でも広がりはじめている。ＮＨＫアーカイブスや放送ライブラリーなど、テレビ番組を収集・保存・公開するための制度や環境も整いつつある。一度放送したらそれっきり忘れ去られ、ほとんど顧みられることのなかった大量のテレビ番組が、貴重な「メディア文化財」としてその意義を再評価されるようになってきている。

ようやくはじまったアーカイブの公開は、停滞していたテレビの研究・批評を大きく前進させつつある。これまでテレビでは、ドキュメンタリーやドラマ、ニュースやスポーツ、バラエティや歌謡番組、アニメやＣＭなど、膨大な数の番組が制作され、放送されてきた。これらの番組はテレビ史の貴重な記録であると同時に、時代を生き生きと映し出す鏡でもある。今後、これらのアーカイブを用いて、テレビ史や同時代史の検証・批判が一気に進むだろう。放送文化や放送ジャーナリズムの歩みを振り返ることは、その未来を考えるために必要不可欠な作業である。そこでこの小論では、ようやくはじまったテレビアーカイブ研究の現状を概観し、今後の課題と展望を述べてみたい(1)。

はじまったアーカイブ研究

近年では、テレビアーカイブを活用した様々な研究成果が実際に生まれつつある。ここでは、そのいくつかの具体例を紹介しよう。

最初に取り上げるのは、日本で最大規模のテレビアーカイブであるＮＨＫアーカイブスを活用した研究である。ＮＨＫアーカイブスはＮＨＫのテレビ開局五十周年を記念して二〇〇三年に埼玉県川口市にオープンした。ＮＨＫが制作した七十七万本の番組と五百四十五万項目のニュースを保存している（二〇一二年三月現在）。ＮＨＫアーカイブスはこれまで一部の公開番組(2)を除いて、保有する番組の大

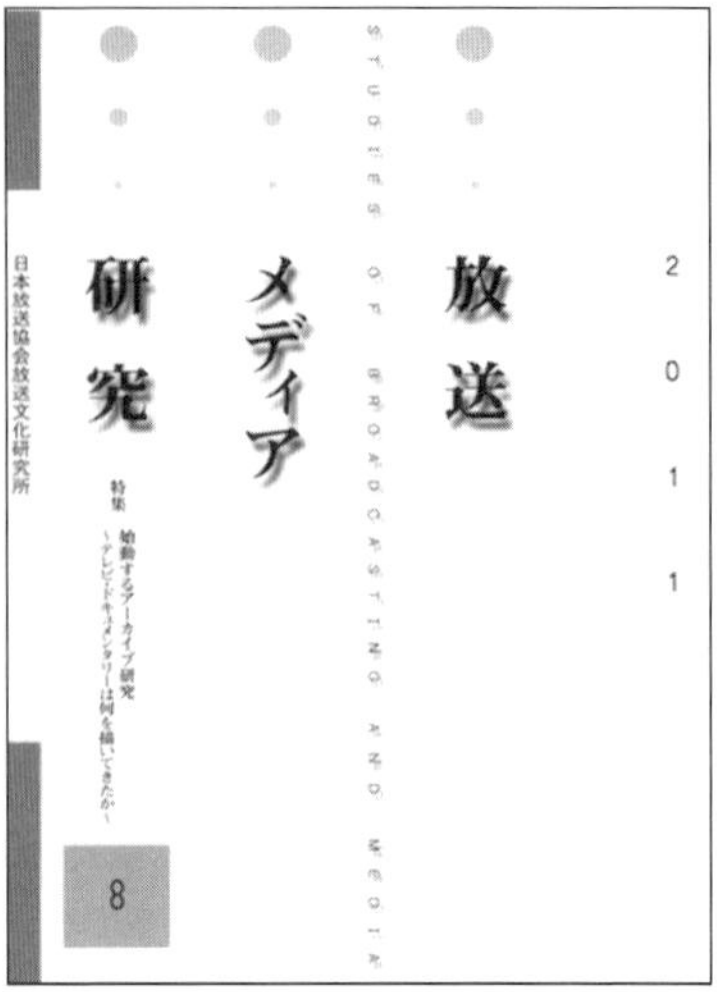

半を対外的に非公開としてきたが、近年、学術利用に限って試行的に公開をはじめた。ついにＮＨＫアーカイブスの学術利用への門戸が開かれたという意味で、これは画期的なことと言える。

このＮＨＫアーカイブスを用いて、東京大学大学院情報学環とＮＨＫ放送文化研究所が、二〇〇九年から二〇一一年にかけて行った共同研究の成果が、日本放送協会放送文化研究所編『放送メディア研究８（特集：始動するアーカイブ研究〜テレビ・ドキュメンタリーは何を描いてきたか〜）』（丸善出版、二〇一一年）である。この共同研究は、ＮＨＫアーカイブスに眠る膨大な数のドキュメンタリー番組を改めて見直し、テレビが戦後日本をどのように描いてきたかを明らかにしようとしたものである。同書では、「沖縄」「農村」「人間」「中国」「韓国・朝鮮」「戦争責任」など、六つのテーマに沿ってテレビ・ドキュメンタリーの新たな歴史が掘り起こされている[3]。

同書は、これまでのように記憶や印象に頼るのではなく、アーカイブを使って番組そのものを詳細に見直すことから生まれた新しい時代のテレビ研究である。これまでこのような検証ができるのはＮＨＫの内部関係者に限られていた（例えば、桜井均『テレビは戦争をどう描いてきたか―映像と記憶のアーカイブス』岩波書店、二〇〇五年）が、今後ＮＨＫアーカイブスが対外的に公開されれば、こうした研究がＮＨＫの外部からも数多く生まれてくるだろう。

	研究テーマ	研究代表者
第1期研究	テレビ番組アーカイブによるメディア環境における「水俣」の記録と記憶にかんする研究	小林直毅(法政大学)
	NHK テレビ報道における韓国の民主化運動ー 1972 ～ 1987 年を中心にー	李美淑(東京大学大学院)
	監視社会における移民の管理と主体性をめぐるポリティクスー NHK アーカイブスにみる「在日外国人」へのナショナルなまなざしについての考察ー	稲津秀樹(関西学院大学大学院)
	日本・韓国テレビ製作者の比較研究	金延恩(上智大学大学院)
	寺山修司の放送ジャンルにおける活動に関する実証研究	堀江秀史(東京大学大学院)
第2期研究	生殖技術に対する生命倫理観の模索と構築ー代理出産の報道を中心に	柳原良江(東京大学大学院)
	テレビ番組アーカイブによる「水俣」のアクチュアリティと歴史性にかんする研究	小林直毅(法政大学)
	放送における「空襲」認識の形成と変容に関する歴史学的研究	大岡聡(日本大学)
	開発主義とテレビー日本・韓国・中国におけるダム映像を中心に	町村敬志(一橋大学大学院)
	認知症の本人はいかに描かれてきたか？ー本人視点の出現・変遷・用法に関する探索的研究ー	井口高志(奈良女子大学)
	感染症報道における「作動中の科学」の情報及び文脈の分析～新型インフルエンザ報道を中心に～	渡邊友一郎(早稲田大学大学院)
	政治テレビ討論会と国家指導者像の変遷ー日本党首討論会と米国大統領討論会	松本明日香(日本国際問題研究所)
	NHK バラエティ番組に見る文字テロップの変遷ーテレビにおける表記実態と機能の分化ー	設楽馨(武庫川女子大学)
	ヴェトナム戦争と日本のジャーナリズム	岩間優希(立命館大学)
	同時代型社会の象徴「終戦報道」の検証を通じた新しい大学教育理念「ドキュメンタリー教養」構想とその情報インフラ整備の調査	川島高峰(明治大学)
	美術番組の発展と影響	河原啓子(日本大学)
関西トライアル研究	テレビドキュメンタリーにおけるアイヌ表象と他者性の問題にかかわる考察～戦後 60 年間の軌跡と変容～	崔銀姫(佛教大学)
	「テレビ的知」の変容の社会学的考察～クイズ番組における正解と不正解を事例に	山崎晶(四国学院大学)
	映像メディアにみる沖縄経済をめぐる言説ー誰がいかにして「経済的自立」を語るのかー	上原健太郎(大阪市立大学大学院)
	ニュース番組における言語変化に関する研究	轟里香(北陸大学)
	お笑い番組にみる人々の興味を惹き付けるインタラクション・デザイン	田村篤史(関西大学大学院)
第3期研究	「被爆の記憶」の語り方のエスノメソドロジー	好井裕明(日本大学)
	東京オリンピック（1964）ーメディア・イベントと国民神話	メルクレイン・イヴォナ（東京大学)
	三陸の津波被災地の風景の消失を考えるー「景観史」として還元される地域の肖像ー	水島久光(東海大学)
	テレビが「保護と観光のまなざし」形成に果たした役割分析と地域民俗資料としてのアーカイブスの可能性	関礼子(立教大学)
	テレビにおける戦後「農村」表象とその構築プロセス：「農事番組」を手がかりとして	船戸修一(静岡文化芸術大学)
	テレビが描いた母と子どもの関係ー NHK 教育テレビ「おかあさんの勉強室」における母親と〈子ども〉ー	津田好子(東京女子大学大学院)
	建築資料的価値を持った映像資料の発見と活用方法の研究ー NHK 教育「テレビの旅」を一事例としてー	本橋仁(早稲田大学)

NHK アーカイブス学術利用トライアル研究採択課題一覧表
(トライアル研究のパンフレットの情報をもとに丹羽が作成)

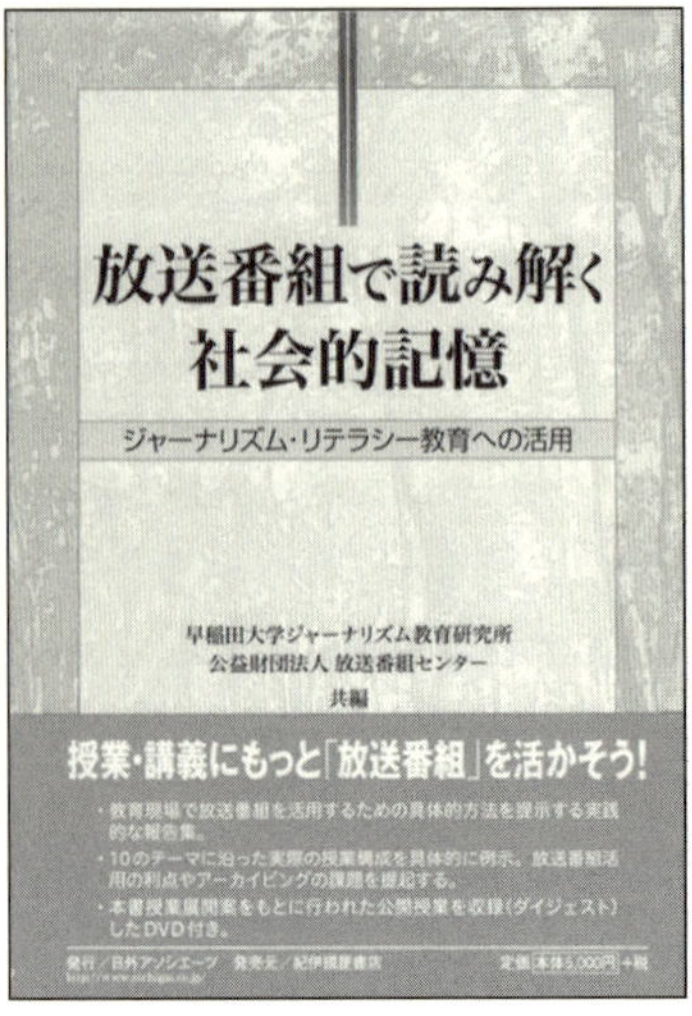

その後実際に、ＮＨＫは二〇一〇年三月から、ＮＨＫアーカイブスの学術利用に向けた「トライアル研究」をスタートさせた。ＮＨＫが大学・公的研究所の研究者からアーカイブス利用を前提に研究提案を募集し、提案が採択されれば、研究者は半年間にわたって希望するコンテンツを閲覧することができる。このトライアル研究のスタートによって、ＮＨＫが保有する七十七万以上の番組と五百四十五万以上のニュース項目に、多くの研究者がアクセスできるようになった。すでに政治学・社会学・文学・教育学・医学・工学など、様々な学問分野からの研究提案が採択され、テレビ番組の活用可能性の探求がはじまっている（前頁の表参照）。

また、放送ライブラリーを活用した研究も動き出している。一九九一年に神奈川県横浜市にオープンした放送ライブラリーは、放送法に規定された日本で唯一の放送番組専門のアーカイブである。ＮＨＫと民放で放送されたテレビ番組やラジオ番組、ＣＭを一定の基準で収集しており、開設以来、テレビ番組約一万八千本、ラジオ番組約四千本、ＣＭ約一万本を保存し、そのほとんどを一般公開している（二〇一二年八月現在）。放送ライブラリーはＮＨＫの番組だけでなく、民放の番組も視聴できる貴重な施設と言える。

この放送ライブラリーを運営する放送番組センターが、早稲田大学ジャーナリズム教育研究所と共同して二〇一〇年からスタートさせたのが「放送番組の森研究会」である。同研究会では、放送ライブラリーで公開されているテレビ番組を活用してジャーナリズム教育の教材開発を進めてきた。早稲田大学ジャーナリズム教育研究所・公益財団法人放送番組センター共編『放送番組で読み解く社会的記憶―ジャーナリズム・リテラシー教育への活用』（日外アソシエーツ、二〇一二年）は、この共同研究から生まれた成果である。

同書では、十名の研究者が、「ヒロシマ・ナガサキ」「ＢＣ級戦犯」「原子力」「水俣」「失業」「ベトナム戦争」などそれぞれのテーマを設定し、そのテーマに沿ったテレビ番組と実際の授業モデルを提示する（公開授業を収録したＤＶＤ付）。近年、大学を含む公教育の現場では、テレビ番組が当たり前のように授業で活用されるようになっている。しかし、そのための方法論や可能性の検討はまだ十分に行われているとは言えない。同書は、大学での授業や講義にテレビ番組を教材として活用する方法を、具体的・実践的に示そうとした貴重な一冊である。

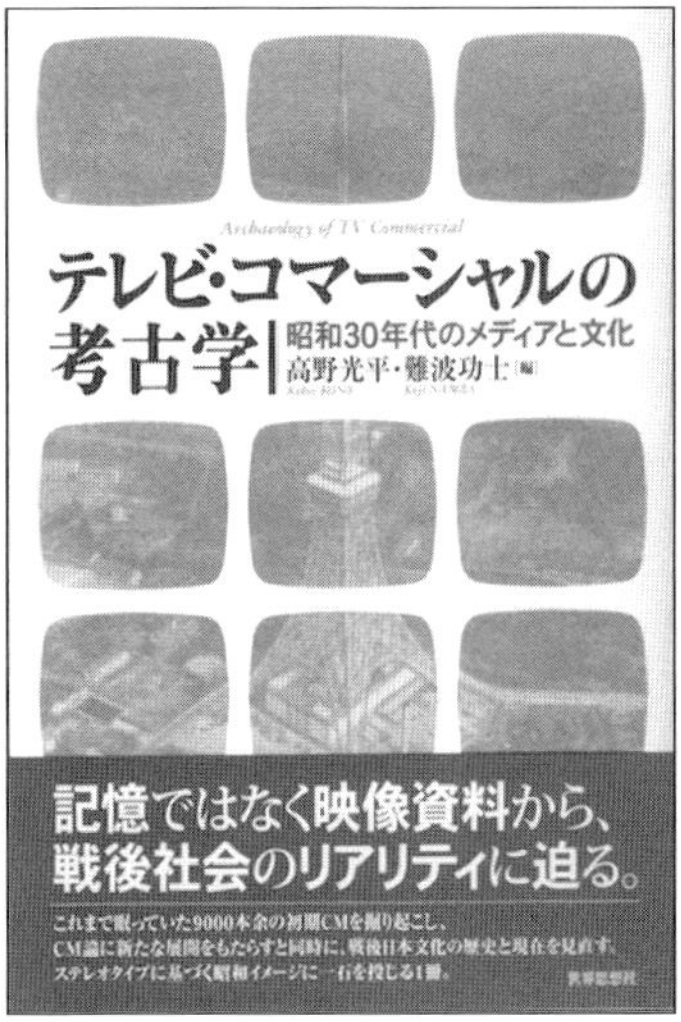

この他、ＣＭの分野では、関西の社会学者・メディア研究者を中心に、一九五〇年代から六〇年代のテレビＣＭの掘り起こしが進んでいる。高野光平・難波功士編『テレビコマーシャルの考古学―昭和三〇年代のメディアと文化』（世界思想社、二〇一〇年）は、初期ＣＭ業界の最大手プロダクションＴＣＪ社が保管していた九千本あまりのＣＭをデジタル・データベース化し、様々な角度から分析した成果論集である。従来公開されてきた受賞作品や有名作品ではなく、大量の「平

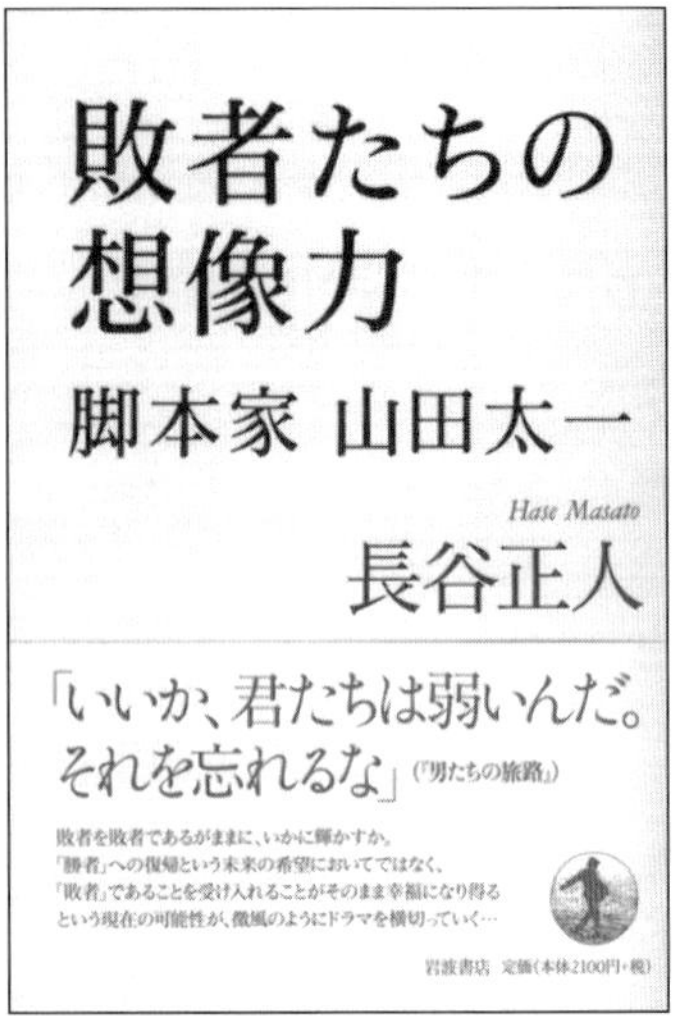

凡な作品」にあえて注目することによって、CMや戦後日本文化に新たな光を当てようとしたユニークな一冊である。

最後に、ドラマの分野でも、新たな研究が生まれつつある。ここではその成果として、長谷正人『敗者たちの想像力　脚本家山田太一』（二〇一二年、岩波書店）を挙げておきたい。同書は『男たちの旅路』、『岸辺のアルバム』、『想い出づくり』、『早春スケッチブック』など、テレビ史に輝く山田太一脚本のテレビドラマ作品を「敗者」という視点から改めて読み解き、一九七〇年代や八〇年代のテレビ文化を再考した好著である。これも、ある意味で、レンタルビデオやDVDボックス、BS放送やCS放送など、様々な環境で過去の名作を見直すことが可能になった「アーカイブ時代」だからこそ生まれた研究の成果ということができるだろう。

民放やローカル局もアーカイブの公開を

以上、アーカイブから生まれた新しいテレビ研究の具体例をいくつか紹介してきた。もちろんアーカイブに保存されているのは、ドキュメンタリーやドラマやCMだけではない。テレビが半世紀以上にわたって放送してきたニュースやスポーツ、ワイドショーやバラエティ、クイズ番組や歌謡番組など、すべてが貴重な財産である。今後、多くの人々によってアーカイブの見直しが進めば、テレビの歴史が驚くほど立体的に浮かび上がってくるだろう。と同時に、テレビ番組の持つ潜在的な価値が様々な角度から再発見されていくはずである。

しかし、そのためには誰もが容易にアクセスできる開かれたテレビアーカイブが必要不可欠である。ここではアーカイブの充実に向けた今後の課題として、次の二つの点を指摘しておきたい。第一は、民放アーカイブの充実である。現在のところ、民放アーカイブの整備・公開は大幅に遅れている。もちろん民放もそれぞれの社内にアーカイブを持っている。しかしそれらは商業目的のインナーアーカイブであり、自社の番組制作への活用や、資料映像の販売などに利用が限定されている。対外的には非公開なので、研究者が利用することは原則としてできない。また民放番組を一般公開している数少ないアーカイブのひとつである放送ライブラリーも、現時点では残念ながら、収集・保存番組の数がそもそも少なく、研究・批評に必要な包括性や網羅性を備えていない。

ＮＨＫアーカイブスの積極的な公開姿勢によって、テレビ研究が活性化していることはすでに述べた。多くの若い研究者たちが、ＮＨＫアーカイブスを活用して意欲的な研究に取り組みはじめている。一方で、公開が進まない民放については、研究は依然として停滞したままである。このままでは（少なくとも研究・批評の世界では）民放の歴史はなかったことにされてしまうだろう。日本の放送文化を考える上で、民放が果たした役割は極めて大きい。民放の番組が積極的に公開されれば、ＮＨＫとはまた違った放送の歴史が浮かび上がってくるはずだ。民放アーカイブの一刻も早い整備・公開が望まれる。

第二は、ローカルなアーカイブの充実である。これまで数多くの番組が地域の放送局によって制作され、放送されてきた。それらはその地域社会にとっても重要な文化的財産であるはずだ。しかし現在のテレビアーカイブは、中央集権化した放送産業の実態を反映して、明らかに東京発の番組に偏っている。

各地域の放送局には膨大な数のテレビ番組が保存されていると考えられるが、その数や保存の実態はほとんど明らかになっていない。このままでは、日本の放送文化を語る上で、地域の多様な視点がすっぽりと抜け落ちてしまう可能性がある。

日本の放送文化を作り出してきたのは、ＮＨＫや東京キー局だけではない。たとえば日本の民放の黎明期において、関西の放送局は牽引的な役割を果たしてきた。関西発の放送番組は、東京発の番組とは異なる独自性を打ち出し、放送文化の多様性を作り出してきた。番組制作において東京への一極集中がますます進むなか、それぞれの地域で生み出されたテレビ番組の歴史をもう一度掘り起こしていくことは、放送文化の多様性を考える上で、極めて重要な意味を持つ。

今後は、各放送局やアーカイブ機関、ジャーナリストや制作者、研究者や教育者、市民やＮＰＯなどが幅広く連携しながら、民放やローカル局も含めた公共的なテレビアーカイブをつくりだす活動に積極的に取り組んでいく必要がある。

アーカイブと放送文化の未来

日本のテレビ放送がはじまって二〇一三年で六十年を迎える。現在をひたすら追いかけてきたテレビも、ようやく自らの過去を振り返ることができるようになった。しかしアーカイブは単に放送文化の過去を懐かしく振り返るためにあるのではない。むしろそれは放送文化の未来を構想するためにこそ必要である。テレビはこの半世紀あまりの間に、何をどう伝えてきたのか。あるいは何をどう伝えてこなかったのか。テレビにはいったい何が可能なのか。テレビの歴史を改めて見つめ直すことで、今後の放送文化の可能性を探る数多くのヒントを見つけだすことができるはずである。

もちろん、公共的なテレビアーカイブを実現するのは容易なことではない。たとえば権利処理の問題は大きな課題のひとつである。テレビ番組には、著作権（複製権、上映権、公衆送信権など）、著作隣接権（実演家の権利、レコード製作者の権利など）、さらには肖像権など、様々な権利が複雑に絡まり合っている。この権利処理に膨大なコストや時間がかかることが、公開・共有を阻む大きな要因として指摘されている。

一方、近年では、著作権に例外規定を設けるフェア・ユースの議論や、公共財として自由な利用を認めるパブリック・ドメインの議論が注目を集めている。「権利があるから守らなければならない」という自己目的化した議論ではなく、どういうルールや仕組みを整備すれば、創作者の利益を守りつつ、公共的な利益を最大化することができるのか。デジタル時代のメディア・エコノミーにふさわしい著作権制度とはどのようなものなのかを、改めて議論する必要があるだろう。

あらゆる科学・文化・芸術が活発な研究・批評活動に支えられて発展・向上してきたように、放送文化が発展・向上していくためには、放送番組に対する研究・批評活動が必要不可欠である。誰でも自由にアクセスできる公共的なアーカイブが整備されること。それを利用して様々な研究や批評活動が活発に行われること。そうした研究や批評の成果が制作現場の刺激となって、また新たな番組や文化が生み出されること。アーカイブが単なる懐かしい番組の「保存庫」ではなく、放送文化の歴史を検証し、未来の放送文化を作り上げていくための「創造・発信拠点」になれるかどうか。放送文化の未来はそこにかかっている。

(1)アーカイブがテレビ研究にもたらす転回については、丹羽美之「アーカイブが変えるテレビ研究の未来」(『マス・コミュニケーション研究』七五号、二〇〇九年、五一―六六頁)、同じく丹羽美之「テレビ・アーカイブ研究の始動にあたって」(『放送メディア研究8』二〇一一年、七―三一頁)を参照。なお本稿はその後の最新の動向を踏まえて、これらの論文を大幅に加筆修正し、再構成したものである。

(2)NHKはテレビ番組六千九十九本、ラジオ番組五百八十六本を「公開ライブラリー」として、全国のNHK放送局などで無料公開している(二〇一〇年三月末現在)。またこれとは別に、二〇〇八年に開始した「NHKオンデマンド」でも、アーカイブ番組の一部を有料配信している。

(3)同書のなかで「記録された沖縄の『本土復帰』」という論文を執筆したNHK放送文化研究所主任研究員の七沢潔は、その後、この論文をもとにETV特集『テレビが見つめた沖縄~アーカイブ映像からたどる本土復帰四〇年~』(二〇一二年五月十三日放送、Eテレ)という番組を制作した。研究が次の創作活動につながった好例である。

丹羽美之　1974年生まれ。法政大学社会学部准教授を経て、2008年より現職。専門はメディア研究、ジャーナリズム研究。著書に『岩波映画の1億フレーム』(共編著)東京大学出版会 2012年、『放送メディア研究8（始動するアーカイブ研究)』(共著) 丸善プラネット 2011年など。

第4部　資料

1. 公益信託「高橋信三記念放送文化振興基金」とは

公益信託高橋信三記念放送文化振興基金は、民間放送の創始者の一人で、元毎日放送社長の故高橋信三氏の遺志により、放送文化の振興に寄与することを目的として平成五年九月に設立された。

事業内容

この公益信託は、右記の目的を達成するために、次のような事業を行っている。

・放送に関する調査、研究、発表等を行うものに対する助成金の給付
・放送に関する国際交流・国際協力等を行うものに対する助成金の給付
・放送文化の保存・振興等を行うものに対する助成金の給付
・その他信託目的を達成するために必要な事業

委　託　者：　高橋　旺代
受　託　者：　りそな銀行
信託管理人：　植田　達雄（毎日放送常勤監査役）
運営委員会：　委員長　山本　雅弘　（株）毎日放送相談役最高顧問
　　　　　　　委　員　熊谷　信昭　（株）国際電気通信基礎技術研究所取締役会長
　　　　　　　委　員　辻　　一郎　大手前大学評議員

委　員　深井　麗雄　関西大学政策創造学部教授
委　員　音　好宏　上智大学文学部新聞学科教授
委　員　佐藤　友美子　サントリー文化財団上席研究フェロー

2．これまでの助成リスト一覧（肩書はすべて当時のまま）

【平成五年度】

「高齢化社会と放送メディア」に関する国際比較研究
津金澤　聡広（関西学院大学社会学部教授）

米国広報・文化交流庁の「ワールドネット」等広域衛星ＴＶに関する調査研究
前迫　孝憲（大阪大学人間科学部助教授）

第十回コミュニケーション・フォーラムの開催
永井　道雄（財団法人情報通信学会会長）

ボランティアによる在宅での字幕制作とそのネットワーク化の確立
永島　栄一（もじもじランド代表）

【平成六年度】

子供のメディア作品作りを支援する放送番組の活用方法の開発

田中　博之（大阪教育大学助教授）

通信販売の現状と将来、消費者保護対策の観点からの系統的検証

高橋　弘（近畿大学商経学部助教授）

災害被害者に対する放送を通じた心理的援助に関する調査研究

若林　佳史（大妻女子大学社会情報学部助教授）

ＩＩＣ（世界放送通信機構）年次総会の大阪誘致に向けての調査活動

岩崎　広平（株式会社毎日放送国際部長）

テレビ・ローカルニュース番組の研究

青木　貞伸（放送批評懇談会議長）

【平成七年度】

一九九五年度ＩＩＣ年次総会開催、「変わるメディア環境」をテーマとして

岩崎　広平（ＩＩＣ'95大阪総会事務局代表）

「無党派層とテレビ視聴」の研究
佐藤　毅（大東文化大学法学部教授）

「コミュニケーション」概念の再検討、再構築
船津　衛（東京大学大学院教授）

各国別検討を踏まえた「放送の公共性」概念についての体系化の研究
岩倉　誠一（早稲田大学政治経済学部教授）

【平成八年度】
助成なし

【平成九年度】
通信衛星テレビ導入前後の南北大東島の社会構造に関する研究
前納　弘武（大妻女子大学社会情報学部教授）

テレビ・ラジオシナリオ、広報資料等の保存と機能的研究
赤間　亮（立命館大学文学部助教授）

日・中・台放送メディアの変容と番組ソフトの国際交流
李　双龍（東京大学大学院人文社会系研究科博士課程）

【平成十年度】
助成なし

【平成十一年度】
助成なし

【平成十二年度】
放送と個人情報保護に関する研究
渡邉　修（新潟大学法学部助教授）

ＢＢＣとＮＨＫの財源制度や商業的展開に関する国際共同研究
中村　清（早稲田大学商学部教授）

デジタル化とローカル放送局での番組制作・メディア表現の研究
水越　伸（東京大学大学院情報学環助教授）

【平成十三年度】

コンテンツ流通の法的規律、文化・競争政策の調和としての著作権法研究

泉　克幸（徳島大学総合科学部助教授）

日韓のスポーツに関わるメディアイベントと放送に関する実証的調査研究

黒田　勇（関西大学社会学部教授）

バラエティ番組におけるリアリティーとフィクションの社会学的研究

田所　承己（早稲田大学文学部講師）

ケーブルテレビに関する日米比較研究

塚本　三夫（中央大学法学部）

インターネットＴＶとデジタルＴＶの可能性・問題点に関する経済学的研究

土門　晃二（早稲田大学社会科学部教授）

【平成十四年度】

ギャラクシー賞四十年史の刊行

志賀　信夫（放送批評懇談会理事長）

高齢者に優しいテレビ音量バランス設計の指針作りのための研究
宮坂　栄一（武蔵工業大学環境情報学部教授）

ブロードバンド・インターネット放送向け教育コンテンツの制作と実証実験
河合　隆史（早稲田大学大学院国際情報通信研究科助教授）

「アジア放送会議・ＡＢＵに対する日米の思惑」、「放送ＯＤＡとＮＨＫ」の研究
林　鴻亦（立教大学大学院社会学研究科博士後期課程）

韓国放送文化における独創性と模倣性についての研究
影山　貴彦（同志社女子大学学芸学部助教授）

【平成十五年度】

テレビ技術の革新とローカル放送局の送り手に関するメディア論的研究
林田　真心子（東京大学社会情報研究所大学院修士課程）

地域情報の担い手としての地方ＣＡＴＶ研究
林　茂樹（中央大学文学部教授）

日・韓放送文化交流の活性化方案について
李　錬（上智大学文学部新聞学科客員教授）

インターネット時代におけるニュース受容の構造変化に関する研究
成田　康昭（立教大学社会学部教授）

わかり易いスピーチをするための「間」の取り方、心理学的研究による数量化
中村　敏枝（大阪大学大学院人間科学研究科教授）

「放送人の証言」映像記録の作製と活用
大山　勝美（放送人の会代表幹事）

【平成十六年度】

日本の既発表放送論考のデータベース化と一般公開
伊豫田　康弘（東京女子大学現代文化学部教授）

世論調査とテレビの役割「デリベラティブ・ポリング」の研究
林　香里（東京大学大学院情報学環助教授）

文化政策および競争政策と放送制度
泉　克幸（徳島大学総合科学部助教授）

満州ラジオの研究――日本のCMとプロパガンダの原点の新資料発掘と分析
山本　武利（早稲田大学政治経済学部教授）

ナショナル・ナラティブとTVメディアの歴史的想像力・作動力学、国際比較研究
吉見　俊哉（東京大学大学院情報学環学際情報学府教授）

広告業界統合下の放送媒体セールスと、巨大メディア調達機構の研究
逸見　彰彦（国立情報学研究所）

【平成十七年度】

関西地域における放送コンテンツの開発にかかわる学際的研究
黒田　勇（関西大学社会学部教授）

「メディア経験」としてのリスク～放送におけるリスク言説による現実構成について～
是永　論（立教大学社会学部助教授）

【平成十八年度】

メディア交代期における産業構造の変化～一九五〇年代から六十年代の放送と映画～
古田　尚輝（成城大学文芸学部マスコミュニケーション学科教授）

多メディア環境における子供とテレビに関する国際比較研究
高橋　利枝（立教大学社会学部メディア社会学科教授）

昭和初期ラジオ放送の研究――「伝統芸能」の成立
飯塚　恵理人（椙山女学園大学文化情報学部助教授）

地上デジタル放送網の整備と災害時の放送媒体の役割に関する研究
山本　晴彦（山口大学農学部教授）

報道番組におけるデジタル加工の実態調査
犬島　梓（同志社女子大学大学院文学研究科新聞学専攻博士後期課程）

少女向けテレビアニメ番組に関する総合的研究
増田　のぞみ（京都精華大学国際マンガ研究センター研究員）

テレビＣＭにおける異文化コードの比較考察
中垣　恒太郎（常盤大学コミュニティ振興学部専任講師）
大学におけるメディア、リテラシー教育の研究とその実践の為の教材開発研究
平川　大作（大手前大学社会文化学部助教授）

【平成十九年度】

地上デジタルＴＶ受信困難地域での視聴補完方法の検討
筬島　専（早稲田大学大学院国際情報通信研究科客員准教授）
環境テレビＣＭのエコクリティシズム研究
中垣　恒太郎（常盤大学コミュニティ振興学部専任講師）
政治変革期の発展途上国における新メディア環境の市民社会実現に対する貢献
田中　正隆（高千穂大学人間科学部准教授）
報道・情報番組におけるＢＧＭの利用が受け手のニュースに対する認知に及ぼす効果
稲葉　哲郎（一橋大学大学院社会学研究科准教授）

【平成二十年度】

サラウンド・サウンド収録における最適マイクアレンジの技術的要件の明確化
入交　英雄（九州大学芸術工学府博士課程）

ニュース番組における解説機能～ディスコース分析を中心に～
露木　彩（上智大学文学研究科新聞学専攻）

テレビ受像機の民俗学――地方における放送文化
飯田　豊（福山大学人間文化学部講師）

地上テレビジョン放送の県域免許制度の将来に向けた意義と地域性についての実地調査
篠島　専（早稲田大学大学院国際情報通信研究科客員准教授）

地域情報過多時代におけるローカルテレビ放送局の地域情報制作のあり方に関する研究
岩佐　淳一（茨城大学教育学部教授）

【平成二十一年度】

「メディアが子どもにおよぼす影響」に関する研究のメタ分析
石毛　弓（大手前大学現代社会学部准教授）

日本の放送産業における女性のライフコース調査～国際比較～
谷岡　理香（東海大学文学部広報メディア学科准教授・ＧＣＮ共同代表）

デジタル・ネイティブ世代における放送文化の位置づけについての実証研究
松下　慶太（実践女子大学人間社会学部専任講師）

関西における戦後の放送を担った人たちの聞きとり調査
小山　帥人（自由ジャーナリストクラブ）

放送ウーマン賞四十周年記念事業～受賞者の活動の記録とシンポジウム～
糸林　薫（日本女性放送者懇談会）

日本初の国際放送を行った「検見川送信所」に関する書籍出版
平辻　哲也（検見川送信所を知る会事務局長）

貴重な放送文化資産である脚本・台本の収集保存
市川　森一（社団法人日本放送作家協会理事長）

【平成二十二年度】

萬年社コレクション調査研究プロジェクト～ラジオＣＭのデジタル・アーカイブ構築～

石田　佐恵子（大阪市立大学文学研究科教授）

「地方の時代」映像祭三十周年記念事業活動

市村　元（「地方の時代」映像祭実行委員会代表）

３Ｄなど最新デジタル放送技術をこどもたちに分かりやすく伝えるイベント

長井　展光（株式会社毎日放送３Ｄ・デジタル技術啓発グループ）

地域免許の原点に立ち返る地域放送局の公共的な報道活動の実態とその展望

田原　茂行（地域メディア研究会代表）

原爆被害者の声を多言語で世界に伝えるビデオ・プロジェクト

長谷　邦彦（京都外国語大学教授）

社会と地域環境の両立の為のＩＣＴ国際ネットワーク活用の可能性について

疇道　佳明（上智大学理工学部教授）

放送の公共性と現状の改革指針、ＮＰＯ法人によるコミュニティラジオ放送の実験
柴山　哲也（立命館大学経済学部客員教授）

テレビ番組の「内容分析」のための研究方法の開発と「放送の多様性」の検討
日吉　昭彦（文教大学情報学部専任講師）

１９７５年のネットチェンジ、テレビネットワークとメディア資本の系列化の検証
渡辺　久哲（上智大学文学部教授）

【平成二十三年度】

東日本大震災からの復興をテーマとする連続上映会＆シンポジウムの開催
市村　元（「地方の時代」映像祭実行委員会代表）

萬年社コレクション調査研究プロジェクト〜ラジオＣＭのデジタル・アーカイブ構築（第Ⅱ期）
石田　佐恵子（大阪市立大学文部研究科教授）

アメリカの非営利報道機関
〜政治報道の分極化と客観的な報道機関の台頭と新たな放送メディアの展開〜
前嶋　和宏（文教大学人間科学部准教授）

政治変革期西アフリカにおけるメディアの民主化とリテラシーの役割
　田中　正隆（高千穂大学人間科学部准教授）

東日本大震災・原発事故を外国（外国人）はどう受け止めたか
～外国メディアの報道分析と外国人コミュニティの受容動調査～
　黄　盛彬（立教大学社会学部教授）

放送人の仕事アーカイブ＝村木良彦の資料整備
　濱崎　好治（財団法人川崎市生涯学習財団川崎市市民ミュージアム学芸室学芸員）

【平成二十四年度】

大学・大学院における放送人養成教育の日米比較研究～認証制度と授業実践を中心に～
　藤田　真文（法政大学社会学部メディア社会学科教授）

放送コンテンツの海外発信力を高めるための国際イベント
「東京ＴＶフォーラム（ＴＴＶＦ）」の実施
　倉内　均（社団法人全日本テレビ番組製作者連盟理事長）

デジタル時代における公共放送と民間放送の共生関係の再構築
～ＰＢＳの思想と経営の研究を通じて～
茂木　崇（東京工芸大学工学部専任講師）

第10回ヒューマンドキュメンタリー映画祭《阿倍野》
池本　訓己（ヒューマンＤＦプロジェクト）

コミュニティとコミュニティメディアの交渉に関する調査・研究～カナダ・トロントの事例から～
松浦　哲郎（大妻女子大学文学部コミュニケーション文化学科助教）

関西初のテレビ局「大阪テレビ（ＯＴＶ）について」～関係者の聞き取り調査～
小山　帥人（自由ジャーナリストクラブ・メディア史研究グループ代表）

東日本大震災からの復興をテーマとするテレビ映像作品の連続上映会およびシンポジウム等の開催
市村　元（「地方の時代」映像祭実行委員会代表）

3．助成金給付対象者募集要項

毎年助成金給付対象者を原則として下記の通り募集いたします。

(1) 助成対象

①放送に関する調査、研究、発表等を行うもの
②放送に関する国際交流・国際協力等を行うもの
③放送文化の保存・振興等を行うもの
④その他広く放送文化の発展・向上とその一層の普及に寄与することを目的とした事業を行うもの

(2) 対象期間

助成対象に該当するもので、原則として選考結果通知後から翌年六月十日までの間に実施されるものを対象とします。なお、対象期間を超過することが応募時にお分かりの場合は、その旨をお申し出ください。

(3) 応募資格

右記(1)の助成対象に該当する団体もしくは個人

(4) 助成金

一件あたり五十万円から百万円の範囲内で助成予定

(5)　応募方法

本公益信託所定の「助成金給付申請書」に必要事項を記入し、事務局へ提出していただきます。応募期間は毎年四月一日から五月三十一日（消印有効）とさせていただきます。

(6)　選考方法

提出された「助成金給付申請書」に基づき、本公益信託運営委員会（七月開催予定）の審査により、助成金給付対象先並びにその助成金額を決定いたします。（提出いただきました申請書類等は返却いたしません。）

(7)　助成の対象について

助成金は研究・事業目的に使用するものとしますが、一般に使用される事務用品、例えばパソコンなどは助成の対象から除外されます。

(8)　選考結果の通知

選考結果につきましては、本公益信託運営委員会終了後、郵送にてご通知いたします。

(9)　助成金の給付

毎年七月に、銀行振込みで給付の予定です。なお、助成金の給付を受けた方が、計画の実施が不可能になったなどの事情で計画を変更する場合には、その旨を申請して事前に承認をうけるものとします。承認が受けられなかった場合には、助成金の全額または残額を返戻するものとします。また助成金の給付をうけた方が事前の連絡なく、後述の使用報告書等を期限までに提出されない場合、助成金全額の返還を求めることがあります。

⑽　**研究発表等にあたってのお願い**

研究成果の発表や事業等を行うに際しては、当基金の助成を受けたものであることを明示してください。

⑾　**使用報告書、成果物の提出等**

提出期限：助成を受けた翌年の六月十日

⑿　**照会先**

〒135－8561
東京都江東区木場1丁目5番65号　深川ギャザリアW2棟
株式会社りそな銀行　信託サポートオフィース　公益信託担当
電　話　03・6704・3325
FAX　03・5632・6359

4. 高橋信三小伝

一九〇一（明治三十四）年、東京生まれ。慶應義塾大学経済学部に学び、高橋誠一郎、小泉信三両教授などの薫陶をうけた。在学中、へそまがりの高橋は、二言目に「福沢、福沢」という塾の教育方針に反発し、ついに『福翁百話』を読まなかったそうである。しかし卒業間近になり小泉教授から勧められて『福翁自伝』を読み、面白くてやめられなくなったというエピソードがある。福沢のアンチ官僚のバックボーンに深く共感したらしい。

一九二四（大正十三）年、同大学を卒業。しかし不景気で、目指す実業界に就職口が見つからず困惑した。「銀行はどうか」と勧められたが「性にあわない」と断り、徴兵検査で入営するまでの間、アルバイトで福沢諭吉の四男、大四郎氏がいる大阪時事新報社で、アメリカの漫画雑誌のジョークや映画雑誌の記事を翻訳する仕事にあたった。出来高払いの報酬だったが、三カ月間で五百円の収入を得た。大学卒の初任給が七十円の時代の五百円である。

一九二六（大正十五）年、一年間の志願兵（幹部候補生）を終えると、大阪時事新報社に正式に入社。京都で駆け出し記者の修行をして、「自分にはジャーナリストが一番性にあっている」と気づくことになる。やがて「記者をするなら、もっと大きな舞台で」と考え、一九二八（昭和三）年、天皇即位の御大典が京都で行われるのを機に同社を退社、人材を求めていた大阪毎日新聞京都支局に職場を得た。一九三三（昭和八）年、大阪本社経済部勤務、一九三八（昭和十三）年、同経済部副部長、一九四一（昭和十六）年には西部本社の経済部長になる。

太平洋戦争中の一九四二（昭和十七）年には、山下泰文将軍がイギリスのパーシバル将軍に無条件降伏を「イエスかノーか」とせまった直後のシンガポールに支局長として赴任。当時現地では、若い参謀が威張っていて、「敵性語の英語は禁止する」と公言していた。そこで山下将軍と会食した折り、「もし英語を禁止すれば、納税通知書を読んでもらえなくなり、税金が入らなくなりますよ」と忠告。英語禁止令の実施を無期延期にさせたとの話もある。中学時代から「ズボ信」のあだ名の持ち主、少々ものぐさで、細事に拘泥せず、おっとりしていた高橋だが、言うべきときは当時から、臆せず発言していたことがうかがえるエピソードだ。

一九四五（昭和二十）年、大阪本社地方部長のときに終戦。同年、経済部長兼務。編集局長の本田親男（後に毎日新聞社長）とともに、「放送の民主化」を合言葉に、民間放送の設立に奔走した。大阪で民間放送を設立するにあたっては、関西財界をまとめる必要がある。それには経済部長が適任ということもあったのだろう。しかし占領下の日本の方向を決める役割を担っていた連合国対日理事会が、一九四七（昭和二十二）年二月、民間放送の設立に反対し、進めてきた運動はいったん頓挫した。ところが連合国軍総司令部（ＧＨＱ）は同年十月、「ファイスナー・メモ」などにより突如方針を転換し、民間放送の設立をむしろ推進する姿勢をとることになる。このとき大阪本社編集総務のポストにあった高橋は、情報をえてふたたび放送事業の立ち上げに着手。一九五〇（昭和二十五）年十二月、京阪神急行、日本電気、毎日新聞の三社を母体にして、毎日放送（ＭＢＳ）の前身、新日本放送（ＮＪＢ）を設立した。資本金八千万円、社長には大阪商工会議所会頭の杉道助が就任し、高橋は常務取締役になったが、超多忙の杉に代って、実質上の社長として采配をふるうことになる。ただ当時の高橋は、放送事業にさほどの情熱をいだいてはいなかったらしい。「自分は新聞人だ」と考え、仕事が軌道にのれば、毎日新聞に戻りたいと願っていた。

同じころ東京では、朝日新聞、毎日新聞、読売新聞、電通などが、放送免許を求め申請書を提出していた。これを審査する電波管理委員会は、民間放送が乱立して共倒れになることをおそれ、申請四社の統合をはかった。この結果、誕生したのが、ラジオ東京（現東京放送）である。行政当局は当然のことながら、大阪地区でも東京と同じ方式を踏襲することにし、新日本放送と朝日放送の計画統合を強く求めた。

これを議題とした聴聞会で高橋は、「大阪は各種の事業が政府の助けによらず、自主的に発達した土地である。新聞事業も朝日、毎日が自由競争で今日の大をなした。入社以来朝日に勝つことだけを考えて仕事をしてきた自分には、統合して一緒に働くことなど考えられない。うまくいく筈がない」と力説した。

このころ日本の国内事情は大きく揺れていた。朝鮮戦争の勃発による特需で経済が好転する一方、占領軍最高司令官のマッカーサー元帥が突然解任され、アメリカに帰国する事態がおきていた。これは日本の占領時代の終幕が近いことを示唆していた。電波管理委員会の方針もこうした情勢のなかで大きく揺れた。挙げ句、東京でも大阪でも二局の民間放送の設置を認めることになり、東京ではラジオ東京の他にもう一社、日本文化放送に、また大阪では朝日放送と新日本放送の二社に、予備免許があたえられることになった。二社の統合に強く反対した高橋の意見が通り、朝日系、毎日系それぞれの社が大阪に誕生することになったわけである。高橋が放送に情熱をいだくようになったのは、このころからだと言われている。

朝日放送で高橋とほぼ同時期に社長を勤めた平井常次郎氏は、当時を回想し、「最初大阪に割当てられたチャンネルは一本であり、これに対して数件の申請が予想されたが、関西の財界でもこの問題について心配される向きが多く、例えば当時東洋紡績社長の関桂三氏もしばしば高橋君やわたしらを呼んで計画の一本化を熱心に勧められたものである。しかし高橋君はがんとしてその勧めには応ぜず、新日本放送は独自の道を進むと主張して最後まで譲らなかった」と記している。（『追想　高橋信三』）一本化を求めたのが行政当局だけでなく、関西財界も同様だったことがわかる証言である。

一九五一（昭和二十六）年九月一日、こうして誕生した新日本放送は名古屋の中部日本放送とともに、民間放送としての第一声をあげた。同年十一月十一日には朝日放送も開局。開局前にあった共倒れの危惧をよそに、両社は好調にすべり出し、「三年間は」と覚悟した赤字も半年で解消した。

開局を前に高橋はレッドパージでNHKを追われた人たちも、志願してくれば、ためらうことなく採用している。「うちでは組合運動をしないでくれよ」と念をおしたらしいが、軽い言い方だったという。NHKに対抗して魅力ある番組を作っていくために、ベテランの放送人をひとりでも多く迎え入れたかったからだろうが、同時にリベラルで、大事の前にはものごとにあまり拘泥しない高橋の性格が表れているともいえるだろう。

以後三十年近くにわたって高橋は、民間放送のリーダーのひとりとして活躍することになる。その高橋のもとで、のちに女優になる司葉子が秘書をつとめた時期もあった。面白いのはこのように、ラジオの開局では朝、毎の並立を強く主張した高橋が、テレビでは両社の提携での開局にふみきったことだ。

一九五六（昭和三十一）年、関西初の民放テレビ局、大阪テレビ放送が、朝日新聞、毎日新聞、朝日放送、新日本放送の四社から人材を集めて発足した。しかしこの呉越同舟は長くは続かなかった。やがて大阪地区にテレビ四波があたえられることが決まると、高橋は新日本放送独自でテレビに取り組む方針を決め、それを機に、一九五八（昭和三十三）年、社名を毎日放送と改めた。大阪テレビ放送は朝日放送と合併した。

一九六一（昭和三十六）年、高橋は杉のあとを継ぎ、第二代目社長に就任した。このころ毎日放送は、東京（ＮＥＴ・現テレビ朝日）と福岡（ＫＢＣ）にしかネット局がない弱小ネットに甘んじていた。そのため他系列とは異なり、経営状況も苦しかった。にもかかわらず高橋は弱音をはかず、逆境をむしろバネに社業に邁進した。一九六三（昭和三十八）年には、テレビの総収入で在阪局トップの座に立っている。

高橋は終始一貫、良心的な番組の制作を求める言辞をくりかえした。七十年安保の直前には、一時間の報道番組『70年への対話』を東京12チャンネル（現テレビ東京）ネットでスタートさせた。当時の日本は一九七〇年を前に激しく揺れていた。その中で鋭く意見が対立する政治的、社会的問題をとりあげ、毎週異なる人たちの出席で討論をかわす番組で、第一回の放送はナショナリズムをテーマに、江藤淳、石原慎太郎、久野収、いいだもも、衛藤瀋吉などが出演した。この対話シリーズはその後『対話一九七一』『対話一九七二』『ドキュメントトーク』『私のいいたいこと』などとタイトルを変えて十年近くにわたって続き、ギャラクシー賞や民間放送連盟賞などを受賞した。当時としては珍しい大阪局が制作して東京に送り出す硬派のレギュラー番組だった。

その一方、一九七一（昭和四十六）年には、当時のネット局、NET（現テレビ朝日）から送られてきている『23時ショー』のネット打ち切りを決め、世間を驚かせた。打ち切った理由は、番組が低俗であるのに加え、「オッパイコンテスト」とか「大根足コンテスト」など、女性の人間性を傷つける企画に反対してのことだったが、このような理由でネット拒否をするのは、日本のテレビ界初めての出来事だった。高橋はのちにある雑誌の対談で、「ぼくが『23時ショー』をやめたのは、毎日放送の姿勢として、毎日放送の趣味に合わんからだった。表現の自由がある限り何をやってもいいということにはならない。趣味の問題は表現の自由の問題とは別個のものだと考えています」と語っている。（『高橋信三の放送論』）

このころ高橋は、東京財界の要請をうけ、財政危機に瀕していた東京12チャンネル（現テレビ東京）の経営をひきうけ、東京での放送にとりくむことも検討していた。しかしこれには毎日新聞などの反対もあり、一九七五（昭和五十）年には、政界と新聞界主導の「ネットチェンジ」が実現して、東京で放送にとりくむ構想は成らなかった。

ネットチェンジとは、毎日放送と朝日放送の東京でのネット局が、入れかわったことを指す。毎日放送のネット局は、日本教育テレビ（NET・現テレビ朝日）から東京放送（TBS）に変わり、朝日放送はその逆になった。これにともない毎日放送の制作本数は少なくなり、好評だったいくつかの番組がプログラムから姿を消した。しかし代わりに得たものは大きかった。全盛期を迎えていた「ドラマと報道のTBS」とのネット実現で視聴率は上昇し、営業収益も上昇した。

南木淑郎が『楊梅は孤り高く　毎日放送の二十五年』に書くところでは、当時、朝日放送の原社長が高橋をつかまえて、「うちはおかげでスーパーマーケットなみになってしまった」と嘆き、それを聞いた高橋が、「そんなことを言うものじゃないよ。うちはこれまでそれを売り物にして成績をあげてきた。今度は君のほうがそうする番じゃないか」と答える一幕があったという。

高橋はネットチェンジの二年後、十六年間つとめた社長を退任し、代表取締役会長に就任した。これでもう毎日放送の経営は安泰だと判断したのだろう。だがその後も、放送のあり方などで発言する姿勢は変わらなかった。そのいくつかを「毎日放送社報」から拾ってみる。

「放送ジャーナリズムがとりあげるべき問題は海外にも、国内にも山積している。放送ジャーナリズムが新境地を開いて新聞、雑誌などのプリントメディアをはなれた独自の表現を持って、世論をリードすることこそ、新しい年に課せられた、新しい使命ではないかと思う」（昭和五十三年一月号）

「わが社の、局長会議なども、毎回出席者の座る席を変えてみてはどうだろうか。いつも自分の前や横に、同じ顔が列んでいては、新しいアイデアは浮かんでこない。たまにはいつもと違った顔と対面することで、違った発想が生まれてくるかも知れない」（昭和五十三年六月号）

「インタビューというものは、あたかも楽器を奏でるようなものであって、ピアノでもヴァイオリンでも、あるいは太鼓でも、演奏する側の技術如何によっては、最高の妙音を出すこともできるが、当方の腕が未熟であっては、雑音しか出ないということとよく似ている。（略）私はニュースやニュース解説のテレビ番組の中で展開されるインタビューを見て、改めてその難しさを痛感するとともに、若手のリポーターやアナウンサーたちがインタビューの修練にもっと努力を積んでほしいと念願する場合が少なくない」（昭和五十四年三月号）

またこれより先、高橋は、一九七五（昭和五十）年の一月四日の毎日新聞朝刊に、こんな一文も寄せている。

「今後のラジオやテレビは、情報メディアとして単にニュースの即時性や映像性を誇ることだけではなく、それらの特性を生かして、ニュース解説、討論、座談などの形式をかり、あるいはまた教育、教養番組を通じて人々の識見が高められることに役立たしめなければならない。このためにはまず、司会者やキャスターたちが、もっともっと勉強しなければならない。現在の放送の司会者やキャスターたちのなかにいたずらに大衆に迎合したり、雷同したりすることが民主的だと考えているような人がいないだろうか」

苛立ちを抑えかねている高橋の顔が目に浮かぶような筆致である。

一九八〇年（昭和五十五）年、高橋は会長在職中に急逝した。七十八歳だった。

交友関係がきわめて広かっただけに、放送界や政界、財界はむろんのこと、作家や文化人、研究者など多くの人たちが逝去を惜しんだ。

（辻　一郎）

あとがき

辻 一郎

「高橋信三基金」設立二十周年を迎えるにあたって、この本をだすことになった。その作業にかかわったひとりとして、今回行ったアンケートへの回答を中心に、少し感想を記したい。

「高橋信三基金」が設立されて以来の二十年で、放送界をとりまく状況は大きく変わった。ラジオの聴取者は減り、テレビへの親しみに翳りがでた。そのことはアンケートへの回答からも読みとれる。テレビは「つまらない、信頼出来ない」とされ、「いまや頼れるのはネットしかない」との意見まである。これについては後で詳しく述べるとして、放送界はいま二度目の受難期を迎えているといえるだろう。

一度目の受難期はいうまでもなく、誕生間もないころである。当時テレビは悪評さくさくのメディアだった。アメリカでは「テレビは一望の荒野か」と評され、日本では「電気紙芝居」「一億総白痴化」などと貶められた。しかしその悪評をむしろバネに、多くの放送人は自らの舞台の上でどう踊るかの工夫を凝らした。テレビがやがて魅力あるメディアに育ったのは、そうした放送人の創意と情熱のおかげである。

しかもその原動力になったのは、放送の地位向上などという大それた理想や使命感などではなく、せっかくの場で何か面白いことをしてみたい、これまでにない表現手法を見つけたいというごく素朴な思いであり、好奇心あふれる野次馬精神の発露だった。

加えてそこが当時の放送界の面白いところだが、試行錯誤をくりかえして新しい何かを求めたのは、ひとり制作者だけでなく、部署を異にする社内の多くの人たちであり、彼らも制作者を支え、ともに楽しんだ。私もそのなかで遊ばせてもらった記憶がある。テレビが一望の荒野を、緑豊かな沃野に変えることができたのは、そうした積み重ねの成果だろう。

だが残念ながらそのような放送界の気風はいつか消え、テレビ局は優等生ぞろいの手堅いサラリーマン社会に変貌した。そしてそれとともに、視聴者にとっての魔法の箱だったテレビは、ただの箱に変質し、単なる時間潰しの道具になった。

そこにネットが参入し、多くの若者が「新聞は読まない。テレビも見ない。情報を知るにはネットで十分だ」と断言し、パソコンやケータイ、iPadなどに傾倒する時代を迎えた。彼ら若者にとってテレビとは、スイッチが入っていても、単なるバックミュージックでしかなく、楽しむ場ではないようだ。しかもこの状況を招いた主たる要因は、ネットの面白さよりも、いまの放送のもの足りなさにある。

この現状をどう見るか。さらにここから脱却しテレビを再び蘇生させるには、何をどうすることが必要なのか。お寄せいただいたアンケートの回答には、そのヒントがいっぱい詰まっている。そのいくつかを紹介したい。

まずテレビはもうダメだとする悲観論だ。

桐島洋子氏は「速報性が放送の命だということに異存はないし、東日本大震災や原発事故の現場を目撃できるテレビ・ニュースの迫力はたしかに圧倒的だったが、それをフォローすべき分析力、洞察力の貧しさは苛立たしかった」と書き、「血相かえて事件を知らせるだけなら昔の半鐘で十分だ。その先にどれだけ頼もしい情報を用意できるかに、今後のジャーナリズムの存在意義がかかっている」と述べた上で、「旧メディアの敗色は濃い」と断じた。

また加藤秀俊氏は「文明史的にいって、まったく不毛な荒涼たる時空間をテレビはつくった。その不気味な砂漠を跳梁跋扈するのは『タレント』という名のえたいの知れない人間たち。かれらが空虚な音声と身振り手ぶりで飛んだり跳ねたり、食べたり飲んだり、なにがなんやらわからない。要するにナンセンスの世界である。虚そのものである。もう、ここまで堕ちたら、堕ちようがないところまでテレビは堕ちた」と書く。

さらに小長谷有紀氏は、福島第一原発事故の初期の報道で「あたかも『大本営発表』を見るかのように、真実が隠蔽されて情報が操作されて」いたことを挙げ、その原因は放送が「広告で成り立」っているることにあるのでは、とした。そしてその上で、放送が「市民の味方として機能する」には、この「構造そのもの」を転換し、「インターネットとの相性のよい新たな放送文化」を創るしかないと記している。

大事な点で一部誤解がないではなく、放送現場からの反論も当然あろうが、しかし全体としては残念ながら頷ける指摘である。三氏の意見は、いまのテレビをダメと見る点では一致していて、頼るメディアに、桐島氏は「ケーブルテレビによるアメリカの放送」、加藤氏は「文字世界」、小長谷氏は「インターネット」を挙げている。そして確かにネットには、「速くてボーダレスで自由奔放でゲリラチックで放送なんかよりずっと面白い」一面がある。放送人はこの点を、もっと素直に謙虚にうけとめる必要がある。だがその一方で、ネットにはきわめて危なっかしい側面もある。

例えば福島第一原発1号機の水素爆発を唯一映像でとらえたメディアは、福島中央テレビだが、その映像がネットに登場したときには、爆発音がついていた。それを見た多くの人が、「ネットで見る水素爆発には音があるのに、テレビでは音が流れない。おそらくテレビは何らかの理由で音を消したにちがいない。ことほどさように日本のテレビは隠しごとをする」と指摘し、そのようなメディアは信頼出来ないとした。

しかしこの映像にはもともと音がなかった。映像は現場から十七キロも離れた地点に設置されているお天気カメラで撮ったもので、爆発音を収録できる環境にはなかったのだ。ところがそれが世界に流れ、外国からネットが逆輸入したときには音がついていて、センセーショナルに扱われることになった。その事実を、福島中央テレビが制作した番組『原発水素爆発　わたしたちはどう伝えたのかⅡ』は教えてくれる。つまりネットを主たる情報源とするにあたっては、よほどの鑑識眼を備えねばならぬケースもある。

そんなことは誰もがよく知っている。にもかかわらず多くの人が、ネットに向かうのは何故だろう。

アンケートに話をもどせば、小玉美意子氏は「東京中心のメジャー発想の放送は、もう限界にきている。（略）インターネットは、信頼できない情報を含みながらも、市民目線で真実を伝えたいとする思いが伝わってくる」と記し、松田浩氏は「放送メディアが、視聴者を単なる情報の消費者ととらえ、断片情報を流すだけの情報発信装置と化し」たところに問題があると書いた。

つまり両氏はいまやテレビが「往年の輝きと信頼を」喪失しつつあり、市民感覚のメディアではなくなったとした。そしてこの現状を変えるために小玉氏は、テレビが「首都圏居住者、男性、二十〜六十歳代、一流大学卒、健常者、日本人」主導の枠から脱することが大事だと説き、松田氏は「民主的な市民社会に責任を負うジャーナリズムと文化のメディアとして権力を監視し、多元的で多様な言論・情報が飛び交う自由な『広場』としての機能を再生させること」が急務だと説いている。

テレビはある時代、何でもありのゲリラだった。テレビは権力を監視する目とともに、権威を笑いとばすパワーを備えていて、そこがテレビの面白さだった。ところがいまや、テレビ自身が空疎ながらも「権威」になった。しかしいまは権威が権威をもてない時代である。テレビが魅力を失ったのは、それ故だろう。

そのことを田原総一朗氏は、「かつてはテレビは、それこそ自由なメディアであった。どのようなチャレンジでも可能だった。だが伝統が出来ると、失敗を怖がるようになり」「無難な番組を、無難な番組をという方向に傾斜」したと書く。そしてこのテレビが、かつてのチャレンジ精神を取り戻さない限り、「無難でないネット映像」と戦うことは出来まいと述べている。つまり田原氏はテレビの衰退はネット参入のせいでなく、いまの放送人のせいだと説いている。

この問題をさらに具体的に指摘しているのは、同じく放送界出身の影山貴彦氏だ。彼は「『番組制作』という、本来魅力に溢れているはずの仕事が、諦めの伴ったルーティンワークになってはいないか。特に関西においては、お決まりの演者たちを繰り返しキャスティングするばかりで、『新しい流れ』を作り出す努力を怠っているのではないか」と問いかけた上で、「『送り手』と『受け手』の間の心的距離が近年一層広がっていると思う。『送り手』は番組を通してもっと熱きメッセージを発信してほしい」と書く。

こうした発言を読んで思い出すのは、『あなたは・・・』などの作品で一時代を画した萩元晴彦氏の言葉である。彼は「あらゆる新しいこと、美しいこと、すばらしいことは、一人の人間の熱狂から始まる」とした。そしてこの「熱狂」や「熱きメッセージ」がかつての放送現場にはまぎれもなく存在した。だがいまやそれが希薄になった。これでは視聴者の気持ちをとらえるのは不可能だろう。送り手が熱くないのに、視聴者が熱くなってくれるはずはない。

ではいま制作現場に身をおく人たちは、現状をどう見ているのか。

東海テレビ放送の阿武野勝彦氏は、「今の放送の中身を決めるのは、一人一人のテレビマンだ。悲憤慷慨は程々にして、奮闘を続けることだ。放送を芳潤な文化世界に高め、そして、揺るぎないジャーナリズムの礎を構築する、その使命は、今ここにいる私たちにある」と書き、テレビ金沢の中崎清栄氏は、「時代がどう変わろうと役目は変わらないし、弱い人ほど必要としている事を確信するだけに、『テレビを見ない』と公言する人には、『でも必要としている人は多い』と言いたい」とした上で、「原点に立ち返り、ひたむきに、ひたむきに・・・模索するしか道はない」と言う。

また北海道放送の溝口博史氏は、「私たちには、他のメディアにない取材力と制作力がある。日々の一分ニュースからジャーナリスティックなドキュメンタリーを作る。吹雪の日の交通情報から珠玉のドラマを発想する。写メールから新たな番組様式を生み出す」と記し、「情報を文化に昇華させてこそのテレビ・ラジオではないか。地方分権ならぬ地方文圏を大切にしたい」と書いている。いずれも番組作りで素晴らしい実績を残してきた人たちの発言だけに、心強いだけでなく、重い言葉だ。テレビ界には悲観論だけでなく、こうした未来のテレビを信じる意見も存在する。この声が具現化し、テレビがもう一度魅力あるメディアとして迎えられるときが来ることを、テレビを愛する一人として望みたい。

そのために不可欠なのはまず人だろう。テレビの未来は、すぐれた制作者をこれからどれだけ迎え入れ、どれだけ育てられるかにかかっている。

その視点から今野勉氏は、「優れた能力を持つ人材は、どの様な動機でテレビ界を目指すようになるのであろうか。それは、日々見聞するテレビ番組の中で自ら作りたいと思う番組に出会うことによってである」と記した上で、「番組は、ただいま現在の視聴者の関心を惹くために作られているが、同時に、テレビの未来を担う次世代制作者のリクルーターの役割も果たしていることを、忘れてはならない。現在の視聴者を掴むことが、未来の制作者を失うことにならないようにするには、どうしたら良いか。これが私の問題提起である」と書いている。まことに重要な指摘である。

アンケートの回答では、その他にもたくさんの貴重なご意見をいただいた。「関西の視点」でのご発言を求めたせいもあり、「いまのテレビ状況を変えていくには、関西のテレビ局がもっとしっかりしなければダメだ」との声も多く、「京都が舞台のドラマでも出演者は誰ひとり京言葉を話さない」のは何故か、の指摘もあった。これは東京一極集中ではダメで、「地方からの発信がもっと増えなければ日本は可笑しくなる。ましてメディアは・・・」との趣旨だろう。聴くべきご意見はまだまだあるが、これ以上引用するのは慎もう。

七人の方にご執筆いただいたそれぞれに興味深い論考や、採録したシンポジウムなどとともに、全文をご一読願えれば幸いである。

ところで基金にその名を冠した高橋信三氏は、毎日放送会長だった一九七八（昭和五十三）年、社内の年賀式の挨拶で、「われわれ放送の送り手としては、何をもって社会に応えるべきか、ということを何ものにもとらわれることなく考え直したい。この際、既成概念に邪魔されてはいけない。ゴールデンアワーにいわゆる教養番組がもっと沢山入ってくる時代がくる」と語り、テレビ編成の常識に一石を投じている。氏は「面白いもの」と「視聴率」だけを追っていたのでは、視聴者がテレビにそっぽをむくときが、やがて来ると予測していた。

また高橋氏は同じ挨拶のなかで、「ワシントンポストはワシントンローカルのための地方版ページを増やしています。それにもかかわらず、ワシントンポストがアメリカ全国の人々にも読まれているのは何故だろうか。それは例のウォーターゲート事件に対し、この新聞が徹底的な追及をしたことがアメリカ国民の間で高く評価されたわけであります」と述べ、毎日放送がローカルへの傾斜をさらに深めても、日本中の支持を得る道筋が必ずあるはずだと力説した。つまり高橋氏は、調査報道にとりくむことや地域を凝視する姿勢が何より大事で、それをしっかり果たすことを通じて、全国の視聴者の信頼を得たいと考えていた。

高橋信三記念放送文化振興基金は、生前こうした発言をくりかえした氏の十三回忌に際し、氏の遺産の一部を寄託することで設立された基金である。ささやかながらこれまで、放送文化の向上に役立つ研究やイベントへの助成を重ねてきた。

その基金が二十周年を迎えるにあたって、私たちは本を編むことを計画した。そしてその本では、いまテレビはどのように見られているのか、もし魅力を失いつつあるのだとすれば、何をどう変えることが望ましいのか、その検証にとりくみたいと考えた。それを探るためにアンケートを実施し、それをふまえてシンポジウムを開き、研究者などから論考をお寄せいただいた。その結実がこの一冊だ。

高橋信三氏は放送人でありながら、活字好きで、書物を大事にする人物だった。このことはアンケートの回答で加藤秀俊氏が指摘した通りである。その高橋氏がこの本の内容をどう評価するか。及第点をつけていただけるか、落第と評されるか、気になるところだ。

この試みが今後の放送界のために、少しでもお役に立てばと願っている。

なおこの本造りにあたっては、ご執筆いただいた方々や、シンポジウムにご登壇いただいた方々をはじめとして、多くの皆様のご助力を得た。いちいちお名前を紹介することは省略するが、最後にそのことを記して感謝の意を表したい。

OMUP

ＯＭＵＰの由来
大阪公立大学共同出版会(略称ＯＭＵＰ)は新たな千年紀のスタートとともに大阪南部に位置する５公立大学、すなわち大阪市立大学、大阪府立大学、大阪女子大学、大阪府立看護大学ならびに大阪府立看護大学医療技術短期大学部を構成する教授を中心に設立された学術出版会である。なお府立関係の大学は2005年４月に統合され、本出版会も大阪市立、大阪府立両大学から構成されることになった。また、2006年からは特定非営利活動法人（NPO）として活動している。

Osaka Municipal Universities Press (OMUP) was established in new millennium as an association for academic publications by professors of five municipal universities, namely Osaka City University, Osaka Prefecture University, Osaka Women's University, Osaka Prefectural College of Nursing and Osaka Prefectural College of Health Sciences that all located in southern part of Osaka. Above prefectural Universities united into OPU on April in 2005. Therefore OMUP is consisted of two Universities, OCU and OPU. OMUP was renovated to be a non-profit organization in Japan since 2006.

テレビの未来と可能性〜関西からの発言〜

2013年4月1日　初版第1刷発行

監修者　辻　一郎、音　好宏

編　者　公益信託高橋信三記念放送文化振興基金
20周年記念事業事務局
〒530-8304 大阪市北区茶屋町17-1 毎日放送秘書部内

発行者　三田　朝義
発行所　大阪公立大学共同出版会（OMUP）
〒599-8531 大阪府堺市中区学園町1-1 大阪府立大学内
TEL 072 (251) 6533　FAX 072 (254) 9539
印刷所　株式会社国際印刷出版研究所
表紙カバーデザイン：アトリエツジムラ　辻村紀子

Printed in Japan　ISBN978-4-907209-00-1